服装高等教育"十二五"部委级规划教材

十二五

形象设计与表达：

色彩·服饰·妆容

钟　蔚　编著

中国纺织出版社

内 容 提 要

本书围绕形象设计专业的课程特点，结合社会公众对服饰美、形象美的意识需求，分别从服饰创意与形象设计的关联性、服饰创意与形象塑造、形象设计的色彩表达、服饰创意与形象风格塑造、服饰配搭与着装技巧、形象设计的构思表现、妆容与配饰、形象主题设计与效果图七个章节展开系统的讲解。

附赠精品网络视频课"完美着装：走近服饰艺术"是本书的配套资源，作者希望为读者提供更为详细、深入的解读。

图书在版编目（CIP）数据

形象设计与表达：色彩·服饰·妆容 / 钟蔚编著 .—北京：中国纺织出版社，2015.1（2023.12重印）

服装高等教育"十二五"部委级规划教材

ISBN 978-7-5180-0351-8

Ⅰ.①形… Ⅱ.①钟… Ⅲ.①个人—形象—设计—高等学校—教材 Ⅳ.① B834.3

中国版本图书馆 CIP 数据核字（2014）第 132715 号

责任编辑：宗　静　　责任校对：余静雯
责任设计：何　建　　责任印制：储志伟

中国纺织出版社出版发行
地址：北京市朝阳区百子湾东里A407号楼　邮政编码：100124
销售电话：010—67004422　传真：010—87155801
http://www.c.textilep.com
E-mail:faxing @ c-textilep.com
中国纺织出版社天猫旗舰店
官方微博http://weibo.com/2119887771
北京华联印刷有限公司印刷　各地新华书店经销
2015年1月第1版　2023年12月第7次印刷
开本：787×1092　1/16　印张：11
字数：200千字　定价：49.80元

序

　　服饰艺术是文化的一种表现形态，具有审美性、实用性、流行性、商品性和功能性的特点，《形象设计与表达：色彩·服饰·妆容》紧紧围绕形象设计专业的课程特点，结合社会公众对服饰美、形象美的意识需求，分别从服饰创意与形象设计的关联性、服饰创意与形象塑造、形象设计的色彩表达、服饰创意与形象风格塑造、服饰配搭与着装技巧、形象设计的构思表现、妆容与配饰、形象主题设计与效果图七个章节展开系统的讲解。本书旨在通过深入浅出的知识点、生动典型的案例，提升人们的服饰文化素养和审美能力。

　　本教材着力于从服饰创意的新视角分析形象设计中诸要素的关系，并总结出相关的创作方法以及设计实践中的一些经验，希望能对大家的理论知识和专业技能带来一定的帮助。本教材和同类教材相比有两个突出的特点：

　　1. 新视角

　　针对目前国内形象设计教材普遍存在的问题，结合当今流行趋势，从服饰创意的视角审视形象设计课程教学，相对于同类教材的观点更为新颖，学科交叉性、知识面覆盖性较强，对开阔学生的眼界有所帮助。

　　2. 新思路

　　在内容结构上，本教材打破以往从化妆基础谈起的知识脉络，将一般的技术性介绍提升为对艺术审美的培养，以服饰创意与形象设计的特点及相似处为契合点，引出形象塑造的方法和创作流程。

　　此书可作为普通高等院校、职业技术学校的形象设计专业、服装专业教学参考书，也可作为热爱服饰艺术及形象设计的相关从业人员的专业读物。

　　写作是沉淀、提炼和升华的过程，愿此书能够起到抛砖引玉的作用，同时，作者水平有限，不足之处望各位专家同行批评指正，以期再版时——修订。

　　感谢中国纺织出版社及武汉纺织大学领导和师生的支持。

编著者

2014年3月

出版者的话

全面推进素质教育，着力培养基础扎实、知识面宽、能力强、素质高的人才，已成为当今教育的主题。教材建设作为教学的重要组成部分，如何适应新形势下我国教学改革要求，与时俱进，编写出高质量的教材，在人才培养中发挥作用，成为院校和出版人共同努力的目标。2011年4月，教育部颁发了教高〔2011〕5号文件《教育部关于"十二五"普通高等教育本科教材建设的若干意见》（以下简称《意见》），明确指出"十二五"普通高等教育本科教材建设，要以服务人才培养为目标，以提高教材质量为核心，以创新教材建设的体制机制为突破口，以实施教材精品战略、加强教材分类指导、完善教材评价选用制度为着力点，坚持育人为本，充分发挥教材在提高人才培养质量中的基础性作用。《意见》同时指明了"十二五"普通高等教育本科教材建设的四项基本原则，即要以国家、省（区、市）、高等学校三级教材建设为基础，全面推进，提升教材整体质量，同时重点建设主干基础课程教材、专业核心课程教材，加强实验实践类教材建设，推进数字化教材建设；要实行教材编写主编负责制，出版发行单位出版社负责制，主编和其他编者所在单位及出版社上级主管部门承担监督检查责任，确保教材质量；要鼓励编写及时反映人才培养模式和教学改革最新趋势的教材，注重教材内容在传授知识的同时，传授获取知识和创造知识的方法；要根据各类普通高等学校需要，注重满足多样化人才培养需求，教材特色鲜明、品种丰富。避免相同品种且特色不突出的教材重复建设。

随着《意见》出台，教育部正式下发了通知，确定了规划教材书目。我社共有26种教材被纳入"十二五"普通高等教育本科国家级教材规划，其中包括了纺织工程教材12种、轻化工程教材4种、服装设计与工程教材10种。为在"十二五"期间切实做好教材出版工作，我社主动进行了教材创新型模式的深入策划，力求使教材出版与教学改革和课程建设发展相适应，充分体现教材的适用性、科学性、系统性和新颖性，使教材内容具有以下几个特点：

（1）坚持一个目标——服务人才培养。"十二五"职业教育教材建设，要坚持育人为本，充分发挥教材在提高人才培养质量中的基础性作用，充分体现我国改革开放30多年来经济、政治、文化、社会、科技等方面取得的成就，适应不同类型高等学校需要和不同教学对象需要，编写推介一大批符合教育规律和人才成长规律的具有科学性、先进性、适用性的优秀教材，进一步完善具有中国特色的普通高等教育本科教材体系。

（2）围绕一个核心——提高教材质量。根据教育规律和课程设置特点，从提高学生分析问题、解决问题的能力入手，教材附有课程设置指导，并于章首介绍本章知识点、重点、难点及专业技能，增加相关学科的最新研究理论、研究热点或历史背景，章后附形式多样的习题等，提高教材的可读性，增加学生学习兴趣和自学能力，提升学生科技素养和人文素养。

（3）突出一个环节——内容实践环节。教材出版突出应用性学科的特点，注重理论与生产实践的结合，有针对性地设置教材内容，增加实践、实验内容。

（4）实现一个立体——多元化教材建设。鼓励编写、出版适应不同类型高等学校教学需要的不同风格和特色教材；积极推进高等学校与行业合作编写实践教材；鼓励编写、出版不同载体和不同形式的教材，包括纸质教材和数字化教材，授课型教材和辅助型教材；鼓励开发中外文双语教材、汉语与少数民族语言双语教材；探索与国外或境外合作编写或改编优秀教材。

教材出版是教育发展中的重要组成部分，为出版高质量的教材，出版社严格甄选作者，组织专家评审，并对出版全过程进行过程跟踪，及时了解教材编写进度、编写质量，力求做到作者权威，编辑专业，审读严格，精品出版。我们愿与院校一起，共同探讨、完善教材出版，不断推出精品教材，以适应我国高等教育的发展要求。

中国纺织出版社
教材出版中心

教学内容及课时安排

章/课时	课程性质/课时	节	课程内容
第一章 （4课时）	理论讲解 （4课时） 设计实践 （8课时）		•形象设计概述
		一	形象设计的专业领域
		二	形象设计的表现特点
		三	形象设计的基本造型规律
		四	服饰创意与形象设计
		五	服饰创意是对形象的塑造
第二章 （8课时）			•形象设计的色彩表达
		一	色彩的构成
		二	寻找属于自己的色彩
		三	流行色
		四	服装色彩搭配规律
第三章 （4课时）	理论讲解 （8课时） 设计实践 （8课时）		•服饰创意与形象风格塑造
		一	个人风格
		二	服饰形象设计与风格
		三	形象设计的着装准则与人体动态语言
		四	造型
第四章 （4课时）			•服饰配搭与着装技巧
		一	女性风格
		二	取长补短的着装技巧
		三	面料创意与形象塑造
		四	细节设计与形象塑造
第五章 （8课时）			•形象设计的构思表现
		一	形象设计效果图
		二	形象设计的创作流程
第六章 （12课时）	理论讲解 （4课时） 设计实践 （8课时）		•妆容与配饰
		一	妆容修饰
		二	配饰与整体造型
		三	古代风尚的现代启示
		四	艺术品位与审美提升
第七章 （8课时）	设计实践 （8课时）		•形象主题设计与效果图
		一	形象设计效果图的风格样式
		二	借鉴与创新

注 各院校可根据自身的教学特点和教学计划对课程时数进行调整。

目录

第一章 形象设计概述

学习目的

了解形象设计的专业领域与国内外发展现状；掌握形象设计的基本表现特征及其造型规律；理解服饰创意对形象塑造的重要性。

学习计划

掌握形象设计的基础知识、表现特点、造型规律等，以服饰创意为切入点导入形象设计。

第一节 形象设计的专业领域

一、形象设计与学科

形象是人的内在素质和外形表现的综合反映，即社会公众对个体的整体印象和评价。

形象设计（image design）概念的出现最早源自舞台美术，起源于20世纪50年代的美国。现代意义上的形象设计已不仅仅是一种艺术创造的手段，也延伸至人们对生活模式的认知中，乃至发展为一种新的文化形态。

形象设计在艺术类高等教育中属于新兴专业门类，它是集服装设计、化妆美容、服饰配件、视觉营销、专业摄影、社交礼仪等专业知识为一体的艺术设计专业方向，旨在提升学生的创新能力和审美鉴赏能力，掌握艺术设计原理、服装品牌形象设计和个人形象设计的方法和技能，把握服饰整体设计的基本规律和产品的市场定位，培养可从事服装品牌视觉营销、品牌策划与管理、个人艺术形象和生活形象设计等工作岗位的专业设计人才。在经济发达国家，形象设计行业的发展已十分成熟，而在我国还只是处于初始开创阶段，伴随着社会经济的发展，社会对这个行业的认识也逐步明朗起来。

形象设计以其新颖的设计理念和科学的设计方法，解决长期以来人们对着装概念模糊的问题，随着经济水平的提升，形象设计领域具有广阔的市场空间和开发潜力。从某种意义上说，形象设计是提高国民审美意识、提升整个民族的优良素质与文化品位的有效手段之一，标志着社会文明的进步。

二、国内外形象设计的发展

形象设计是在拥有了完善的时尚产业链和时尚产业应用技术基础上发展起来的专业化、科学化的新兴行业。随着中国经济的发展，越来越多的人意识到，第一时间传递优良的职业素养及个人魅力需要得体的整体形象。形象设计作为一种新兴产业，也成为21世纪发展最快的时尚职业之一。

我国的个人形象设计与国外相比起步较晚，国内自20世纪80年代末以来，出现过一些形象设计师，但一般是从美容、美发、化妆、服饰品设计等职业中分流出来的。这些形象设计师以美容美发和化妆行业为主流，从业人员逐渐从业余到专业，从擅长一门技术到注重整体的协作，但与真正意义上的形象设计师尚有一定的差距。20世纪90年代以后，形象设计逐渐成为一个行业，包括时装表演前为模特设计发型、化妆、进行服饰的整体组合，以及为特定消费者提供全面的形象设计服务等。形象设计不但拥有由消费者构成的市场需求，而且美容化妆用品以及服饰厂商都可以借用它作为促销手段，因此行业发展极快。在美国，形象设计已经成为与商业紧密结合的产业，其设计形态已达到生活设计的阶段，即以人为本，以创造新的生活方式和适应人的个性为目的，并对人的思想和行为作深入的研究。

社会大众对形象设计的认识还处于启蒙阶段，追求形象美还没成为整个社会的风尚，符合大众需求的个人形象设计服务也较缺乏，个人形象设计并没有完全生活化。随着生活水平的提高，很多人对自身的形象包装已不再满足于简单的穿衣打扮，而是有了更高层面的审美追求，个人用于形象设计的费用已成为日常消费的一部分。因此，形象设计师的出现充分顺应了消费者的这一需求，形象设计将有着更为广阔的职业前景（图1-1）。

审美能力 技术水平 流行·风格 服饰造型 人文底蕴

图1-1

该专业的主要课程设计结构框架如表1–1所示。

表1–1

课程模块	课程名称	课　程　内　容
Part1	通识素质能力模块	1. 中西服装史 2. 中国化妆史 3. 社交礼仪 4. 国际商务礼仪 5. 文学赏析
Part2	专业基础模块	1. 绘画：素描、色彩 2. 品牌赏析专题：服装、化妆品、饰品等 3. 服饰搭配专题 4. 摄影艺术：摄影基础、人像摄影、时装摄影 5. 史论专题：美学、中西艺术史 6. 流行学：流行色专题、流行趋势、流行信息整合 7. 数字化设计：绘图软件、影像后期制作
Part3	专业技能课程模块	1. 化妆基础：化妆工具、化妆技巧、各种脸型矫正化妆等 2. 创意化妆：新娘妆、晚宴妆、职业妆、T台妆、平面/动态广告妆、电视妆、影视妆等 3. 造型设计：主题性创意妆、人物整体造型设计、表演类造型设计 4. 视觉营销：陈列设计、买手、商品零售终端设计

第二节　形象设计的表现特点

形象设计作为崭新的造型艺术设计领域，知识体系与多种学科交叉，就形象设计的表现技法而言，具有以下几个特点：

一、概括提炼，准确再现

形象设计表现是指形象设计师将其设计思路外在体现，无论采用何种表现技法，首先需要真实地表达设计者的设计构思，准确地烘托、再现形象设计的造型特征，传达内在情感和艺术氛围，将表现形式与展现内容完美地结合起来。

例如，以冰雪为主题进行的人物整体造型设计，通过自然景观的形态、特质以及带来的感受，结合形象设计中的造型基础及原理进行分析、整合、再创造（图1-2）。

图1-3是以"运动"为主题的人物整体造型设计提案。运动是一个永恒的话题，它倡导的不仅是一种健康的生活方式，也象征着人们追逐时尚的精神。无论高级时装的发布会上，还是专业赛事的竞技场上，都会看到带有运动元素的妆容造型和服饰。有的优雅中带着中性、有的摇滚风格中掺杂着运动元素、有的奢华中带有休闲风格，这些都是后现代风格泛化的表现，也是时尚界原创设计的原动力。通过"运动"这一主题的阐释，结合流行

图1-2

元素和趋势进行信息整合，设计师概括提炼出运动的精神价值，准确地再现人物的精神风貌。

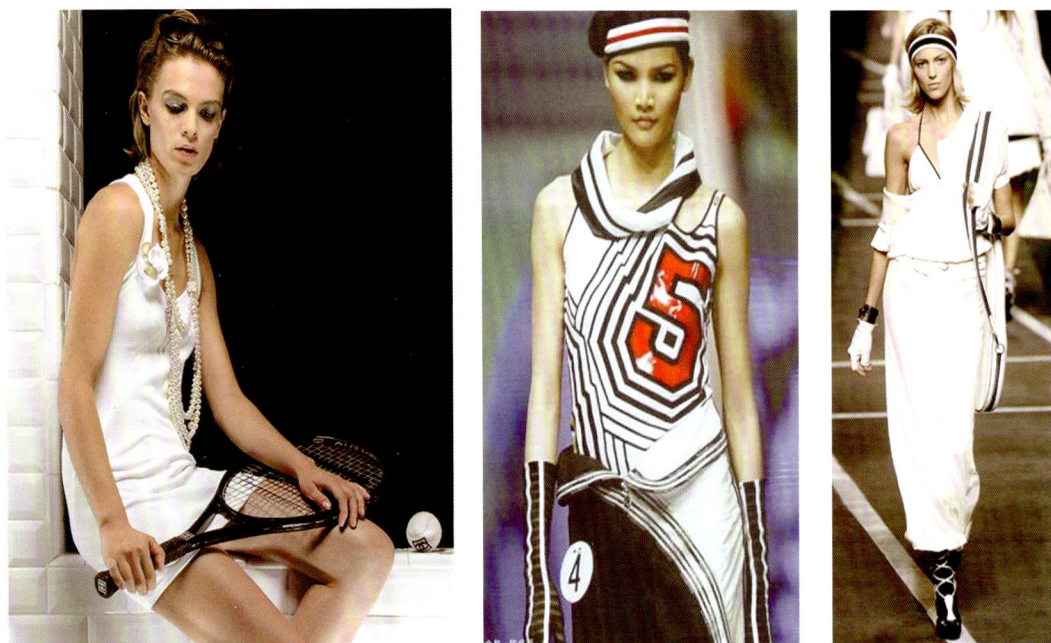

图1-3

二、尊重主体，二次创作

形象设计和服装设计的不同之处，在于服装设计更注重表达服饰本身的特征，而形象设计更注重协调服饰和人的关系，通过适当的取舍，捕捉典型特征，强化人物形象的个性特点。形象设计是通过图形来构思，由发型、妆容、服饰和体态的造型来体现所表达的理念。从设计类型上，形象设计可分为：影视人物形象设计、舞台人物形象设计、戏曲人物形象设计、时尚生活形象设计、社交形象设计等。

作为80年代成功的女性流行歌手，著名流行乐歌手麦当娜被2000年吉尼斯世界纪录评价为拥有最佳销量的女歌手，并收录了她职业生涯中创造的85个经典的形象，比如在她的《像一个处女》（Like a Virgin）中堕落的天使形象，或者在她的世界巡演中光芒万丈的美丽恶魔形象（图1-4）。

图1-4

麦当娜将永远是一个时尚偶像，但她绝不会是一位风格偶像。她每一次成功的造型都来自于对自身身份的认可和角色的转换，成功的造型传递着对细节的思考，例如一件胸衣、长筒袜、超高高跟鞋和50年代经典风格的服装样式，每次造型她都有自己强烈的主观意识加入其中。她一直精心维护着自己的风格，并在全球掀起一场场流行风潮。

三、形象设计是综合设计的一种表现形式

形象设计的专业领域涉及美学、色彩学、心理学等多门学科，诸如数字媒介、摄影、影音等高科技手段也与形象设计"联姻"。目前，数字化形象设计手段已经成为市场上新兴的一道亮丽的风景线，它是高科技与艺术相结合的产物，也从另外一个角度证明了形象设计属于综合设计这一本质特征。

综合类设计往往在成品中同时呈现多种形态，如橱窗设计的背景是平面的绘图，模型和陈列布置则是立体的，它们同时组成一个完整的设计作品。形象设计作品在构思阶段通过平面的草图来表达平面与立体的塑造动机，在设计完成阶段，通过完美的造型来体现平面与立体的结合。所以，在实施阶段我们必须将平面的图形与立体的人体结合为一个整体。

形象设计的表现需要一系列的基础知识做支撑，比如对表现技法、材质表现、整体综合应用等技巧的掌握，并通过对人体的表现、服装的表现、着色技法、头部形象设计表现、整体形象设计表现等方面技巧的运用，将相关的专业知识、造型手法及工具技巧与创意思维相结合完成。

第三节　形象设计的基本造型规律

形象设计作为一种造型艺术，是按照艺术和科学的规律，运用形式美的法则，将人物主体、社会角色、生活环境、服饰妆容等元素融汇在一起，创造出立体的、生动的艺术形象的过程。

一、生活造型尊重人物个体的自然特征

人物形象设计的服务对象是人。人物形象设计教学一定要紧密地与社会生活相结合，了解社会各阶层人物的角色特性、生活习惯、兴趣爱好、思想情感以及在社会交往中待人处世的态度。有了这种生活的积累，才能够更好地结合人物的个性特点，进行整体人物形象设计。对生活观察得越仔细，塑造人物形象时才能生动深刻，从而掌握表现生活中人物形象的本领。如果在人物形象设计的学习中，一味地追求创意，以不适当的夸张变形、奇异怪诞的造型为设计目标，容易在以后的人物形象设计工作中陷入偏颇。

二、艺术造型注重角色创新及商用价值

根据形象设计所表达的目的和主题，除了生活造型之外，为"人"进行二次创作的另一种表现途径是艺术造型，通常出现在影视作品中的角色设计、动漫表演中的角色塑造以及生活中的艺术形象设计中。它主要借用影像技术完成最终形象的传播，此类创作多与商业用途结合，体现了形象设计广泛的商用空间。

三、形象塑造注重形神兼备

通过仪容、仪态、仪表等综合性训练，了解人物造型的基本原理，熟练掌握人物造型的基本规律，为人物形象设计打下扎实的基础。例如，对不同服饰风格的表达不能孤立地只从服饰色彩和款式搭配方面学习，更应结合服饰风格的流行和演变来学习，通过对服装流行风格的深入研究，准确掌握服装的款式、材料特点、整体关系及色彩搭配规律，以提高服装审美和服饰搭配的能力。针对各种不同的人体体形特点，运用视错觉原理和形式美法则，结合角色实际情况，把握和突出不同角色形象所具有的独特魅力点，塑造出符合角色实际的人物形象。

以深厚的服饰文化为背景，以扎实的设计表现能力为依托，再进入造型设计阶段，才可能创造出完美的形象，从而摆脱掉目前普遍存在的人物造型设计中那种哗众取宠，只讲表面效果，而文化底蕴匮乏、形式美感空洞的形象。

四、依托经验和理论相结合，提升创新能力

形象设计是一门视觉艺术，在形象塑造上，人体美、服饰美、设计美有其自身的科学性和规律性。在学习实践中，虽然有前辈积累的大量宝贵经验，但如果过多地强调经验，忽视基础理论的学习，必将会受到某种经验的局限而裹足不前，从而影响想象力、创造力的发挥。因此，在掌握其设计要领和规律的基础上，进一步消化理解，自由、灵活地发挥主观能动性和创造性是学习形象设计的有效方法。

五、能力培养的单一型向整体型发展

形象设计中的化妆、发型、服饰、仪态都不是简单孤立存在的，是多方面有机的结合，需要由内向外地整体设计。比如化妆，既要考虑被设计者的脸形五官，也要从整体出发，结合人物的个性气质、身份、服饰、环境等条件来塑造，不可能仅在局部进行。

随着形象设计产业的不断发展变化以及产业结构的调整，对形象设计师的整体造型能力和掌控能力提出了更高的要求（图1-5）。

色彩要素

风格要素

点线面要素

轮廓体型要素

质感量感要素

图1-5

六、 向实践型、人文型、创新型人才培养目标发展

拥有较强的技能、技巧和娴熟的技术，是实现整体人物形象设计的基础，对这一方面内容的训练绝对不容忽视。但是，培养高级形象设计师不能只停留或满足于这一点，形象设计专业教学的最终目的是通过整体人物形象设计创作来引导启发主观创造性。注重向人文型、创造型发展，才能成为时代需要的思维敏捷的创造型形象设计人才（图1-6）。

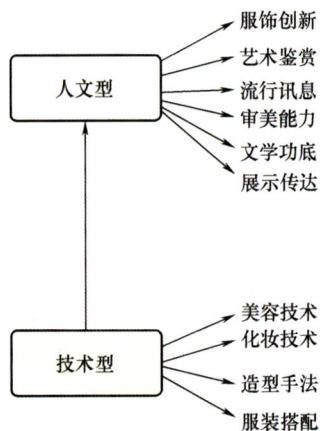

图1-6

第四节 服饰创意与形象设计

服饰设计需符合特定群体的身份、兴趣、爱好，形象设计在为生活中的个人塑造完美形象以及为特殊场合中的形象服务，同样需遵循这个原则。它们的服务对象都是个体的人，设计手法都是一个创意的过程，因此，服饰创意与形象设计有着密切相关的联系。

一、服饰创意

服饰创意是一种智慧的提升，打破常规服饰的理念，服饰创意不再只满足产品的基本功能，而是以更加独特的设计打动人心，满足人对美的更高追求。

服饰创意能够使产品以独特的设计打动人心，融合了设计师的创新和灵感，符合人们对美以及魅力的高要求。服饰创意打破常规的构思不仅能够促进服装业的发展，也能为个人形象设计增添独特魅力，它具有以下几个特点：

第一，服饰创意的核心主题是"创意"，与人们着装中的常规服饰不同，服饰创意除了具备功能、外观等各方面的商业性和艺术性，还要能更好地满足对美的引导性。

第二，创意服饰的诞生都凝聚着设计师的心血，蕴含着更多的艺术性，而普通成衣所表现出的非常规设计元素较少，更注重布料、款式、色彩与定价、市场等产品元素之间的组合。

第三，服饰设计中材料、色彩、款式是三大要素。材料是展示服饰创意的最佳载体，特殊肌理质感的材料、高科技新型材料等都为服饰形象的设计提供了大量的灵感。

第四，相比较而言，突出创意的服饰其价位会比传统的服饰略高。这是因为它们的设计和推广成本高、生产量不大、销量有限所造成的。

第五，服饰创意在商业价值上最直接的体现就是对原创服饰品牌定位和个人形象设计有很好的启发作用；另外，服饰创意对时尚流行也有引导作用，通过独特的服饰形象展示传达新流行、新思维，有时尚的引导性。

形象设计与服饰创意设计一样，都有着明确的设计对象和功用性，服饰设计的作品不仅要表现在纸上，而且要转化成能够为人穿戴的产品，而形象设计也是先通过效果图表达最终视觉形象，再进行实体转化。因此，在构思形象设计时，既要考虑到服装的穿着效果，也要兼顾设计实施时的可操作性与技术性（图1-7）。

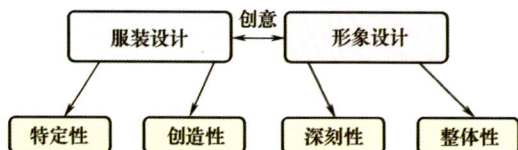

图1-7

二、形象设计符合造型的基本规律

不同时代对设计的理解侧重点不一样。由包豪斯继承而来的现代主义设计，重视设计观念的功能化、理性化。第二次世界大战后出现的国际主义设计，是现代主义设计的新发展——在设计理念上，将理性主义、功能主义推向极致；在设计形式上，追求单纯化、简约化。20世纪60年代出现的后现代主义设计，则是注重设计的人情味、历史感、娱乐性和象征性。现代科技的发展，特别是在光学、医学、生理学、心理学等几大领域中的进步，使人们对设计有了更深刻的认识。著名美籍华裔设计理论家王受之教授认为："所谓设计，指的是一种计划、规划、设想，将问题的解决方法通过视觉的方式传达出来的活动过程。"这种理解突出了视觉传达在设计中的关键作用。

形象设计正是运用视觉元素的设计手段，通过人的视觉冲击力造成视觉优选，从而引起心理美感与判断的视觉信息传达过程。可以断定，形象设计是一种视觉传达设计。视觉元素（形态、色彩、光线、肌理）也就是形象设计元素。

总之，形象设计运用造型艺术手段，通过美容化妆、发型设计、服饰搭配、言谈举止等综合手段，设计出符合人物身份、修养、职业、年龄的个性形象，是对一个人由内到外的整体包装设计，以达到人物内在素质与外在形象的完美结合。

1. 形象外观塑造符合视觉规律

从视觉的角度来看，形象设计的特点首先体现在直观性上。形象设计是视觉艺术，它是一种形象呈现。五彩斑斓的大千世界，只有通过人们的眼睛才能形成印象，在这个过程中，视觉信息传达的唯一渠道便是眼睛。现代科学研究证明，在人和人第一次见面所传达的所有信息中，87%是由眼睛传送，9%是由耳朵传送，4%是由其他器官传送。实验证明：在同一单位时间之内，眼睛接收的信息量为耳朵接收信息量的30倍。用眼睛直观的接收外来信息，是人类接触和感知世界的主要手段，也是形象设计的一个重要特征。正是形象设计直观性特点，要求定位后的形象是必须是相对稳定的（图1-8）。

2. 形象外观塑造符合审美规律

形象外观塑造以发型、妆型、服饰、体态等表象性的形式来反映主体形象内在的东西，这些表象性的东西一定要符合大众的审美规律。审美标准随着社会历史的发展不断地演化，即使在同一时代，由于国家和地区的不同，民族风俗习惯、宗教信仰、文化水平和审美心理等差异，也使人们对审美标准产生了差异。形象设计的审美一方面在于它与人的自然形体融为一体，表现人的外在美；另一方面它要与人的气质、性格、思想、情趣、爱好等相适应，表现人的内在美。而内在美总是通过外在美来取得最佳结合点，当服饰、体态、气质三者和谐统一时，形象设计才是成功的；同时，形象设计师的个人审美能力与艺术素养也是决定形象设计最终效果的根本。

3. 形象外观塑造符合造型规律

"造型"是一种语言，"有目的的造型"是设计师必须遵循的首要原则，它传达着

图1-8

"无声的命令"，使事物形象既有个性的显示，又融于统一的整体。形象外观塑造的过程就是艺术设计领域共有的设计过程，也是"有目的"完成一个设计的过程。形象设计师通过外在设计表现手法使人们通过视觉、听觉、触觉、嗅觉等各种感官在大脑中形成对某种事物或人物的整体印象，由于意识具有主观能动性，因此在头脑中形成的不同形象会对人的行为产生不同的影响。形象设计的最终目的，是希望产生符合设计期望的目标。

如图1-9，以几何造型元素为灵感进行的服饰整体造型设计，既符合当今服装"建筑美感"的流行趋势，又满足个性化服饰形象的要求，无论是黑白几何纹样，还是波普百变几何图形，都可以作为服饰设计的造型元素进行创新设计。同样，几何图形也可以作为妆容的造型元素，图中模特的侧面照非常完美，具有很大的想象空间，富有禅意，使美丽升华；由粗到细的圆弧眉毛、自然晕染的眼影、叠加夸张的睫毛、横向的腮红、几乎无色的裸唇，在摩登与传统之间找到了契合点。

4. 形象外观塑造符合整体规律

形象外观塑造是集美学、色彩学、生理学、物理学、化学、艺术学、心理学、体态语言学、造型设计，乃至交际礼仪、文化修养、个人品位等多门学科为一体的综合性实用学科。设计要遵循"整体——局部——整体"的设计原则，只有这样才会避免形象外观塑造的片面性和表象性，才能塑造出和谐的人物形象。

图1-9

第五节　服饰创意是对形象的塑造

　　回顾每一个经典的荧幕人物形象，都离不开服饰上的创新和人物形象的塑造。服饰创意在对服饰美和人物塑造功能上起到了决定性的作用。服饰创意的目的是创造崭新的"服饰形象"，形象设计的目的是创造最适合的"人物形象"，两者都围绕"形象"展开，服饰创意的价值也在于塑造更具人文理念和艺术内涵的形象。

　　无论是服饰创意还是形象设计都属于设计的范畴，设计是人们有目的寻求尚不存在的事物的过程，通过把各种细微的感受和外界事物，组织成明确的概念和艺术形式，从而构筑起满足于人类情感和行为需求的物化世界，既创造物质的产品和环境，也创造精神的产品和环境，有时两者兼而有之，设计的本质就是创造。

　　服饰创意属于服装设计的范畴，旨在对着装者的服装、配饰在材料、工艺、技法以及展示主题上进行创新思维和创作。目的是通过独特的视角和途径来表达最流行的外观和主题，从这个层面上讲，这与形象设计的目的是一致的，都是通过视觉传达手段营造最适合某个特定的人物或人群的形象。

　　形象设计和服装设计两者既有关联又有区别，其共同点都是以"人"作为服务对象，以改变"人的外在形象"为最终目的。主要区别在于，服装设计主要是以面料做素材，给予人体以功能性和装饰性美感；形象设计的主要工作是按照一定的目的，对人物、化妆、发型、服饰、礼仪、体态言语及环境等众多因素进行整体组合，主要工作方式为综合设计。

"个人整体形象设计"是设计师根据被设计对象与生俱来的个人外部特征、皮肤颜色、个人独有的性格特征、体形特征、职业属性等条件来制订出"个人服饰色彩搭配规律""个人服饰风格定位""个人发型"和"个人妆型色彩搭配"等方案。

好莱坞影星奥黛丽·赫本所做的各种形象设计，就是成功的范例（图1-10）。在20世纪50年代，纪梵希开始为赫本做各种服装设计的尝试，例如在《美丽的沙普丽娜》中的紧身裤服饰造型得到流行；在《蒂梵尼早餐》一片中，纪梵希为当过芭蕾演员体形纤细的赫本，设计了直线条形和鞘型元素的服装造型——圆肩、宽松、略收下摆、简单束腰、腰部由活褶代替收身。在这个设计中，圆肩使赫本消瘦的肩膀显得丰满，收下摆则是鞘型服装的一大特色，松弛的造型使服装几乎不与身体接触，但曲线却能体现出来。这种服装设计，配上恰到好处的妆容设计，既保持了赫本的纤细娇小，又不显得过于消瘦。无可挑剔的形象设计与影片一起大获成功，并在服装与配饰上掀起一股"赫本热"。在战后一直以丰满性感女性形象为美的年代里，赫本以其独特的形象气质冲击了当时大众的审美观和流行，以至于长久以来一直成为女性追逐的完美形象。纪梵希为银幕上的赫本进行了长达半个世纪之久的形象设计，他创造的不仅仅是赫本所饰演角色的形象，也创造了那个时代的时尚。

图1-10

　　服饰创意所展示的服饰美，大致包含三层意思：服饰本身的美；体现出穿着者人体的美；为人体增添的美。"服饰"的含义包括了服装和饰物，并与"人体"一起组成了"外观形象"。因此，从这个层面上讲，服饰创意与形象塑造的目的是一致的，都是为了美化人体（图1–11）。

突出人体的造型

突出服装的造型

图1–11

本章小结

从总体上了解形象设计的概念及该行业国内发展现状，掌握形象设计的基本表现特征与造型规律；强调服饰创意对形象塑造的重要性。

了解形象设计是一种创意的表现，它涉及的学科门类广泛，表现形式独特，以"人"为服务对象，具有高度的综合性。

从生活造型、艺术造型、形象塑造上，注重形神兼备，经验和理论相结合，提升创新能力，使创新能力向整体型发展、实践型向人文创新型人才培养目标发展等六方面，阐述形象设计的基本规律。

从服饰创意和形象设计的角度找出其在设计构思及特点上的规律。

思考题

1. 对国内外形象设计学科和行业发展进行调查，整理资料。

2. 思考形象设计学科发展的背景和制约因素。

3. 阐述形象设计的基本造型规律。

4. 举例形象设计中服饰创意的重要性。

第二章　形象设计的色彩表达

学习目的

　　作为造型艺术三要素之一的色彩是视觉美的重要因素，它是一切造型的艺术灵魂。通过本章的学习，了解色彩在形象设计中的运用。

学习计划

　　从理论上认知色彩的三属性，了解和掌握人的固有色和服饰色彩之间的搭配规律。

第一节　色彩的构成

　　色彩是感观带给人的第一印象，它有极强的吸引力，若想让其在着装上得到淋漓尽致的发挥，设计师必须充分了解色彩的特性。作为最活跃、最直接的视觉符号，色彩在视觉传达和视觉心理中起着主导作用。色彩和轮廓、量感、比例共同构成形成个人风格必要因素。恰到好处地运用色彩，不但可以修正、掩饰形象的不足，而且能强调个人形象的优点。

　　由于对光的吸收与反射的不同，物体能够产生特定的固有色（图2-1）。

图2-1　色彩的成像原理

色彩感知指的是物体通过光反射到人眼而产生的视觉感。它的三个必要条件分别是：光线、物体、眼睛。

一、色彩三属性

色相（Hue）：简写H，表示色的特质，是区别色彩的必要名称，例如红、橙、黄、绿、青、蓝、紫等。和色彩的强弱及明暗没有关系，色相只是纯粹表示色彩相貌的差异。

明度（value）：简写V，表示色彩的亮度，也是色彩的明暗程度。不同的颜色反射的光线强弱不一，因而会产生不同程度的明暗。

彩度（Chroma）：简写C，表示色彩的纯度，即色彩的饱和度。具体来说，彩度表明一种颜色中含有白或黑的程度。假如某色不含有白或黑的成分，便是"纯色"，彩度最高；如果含有白或黑的成分越多，它的彩度就会越低（图2-2）。

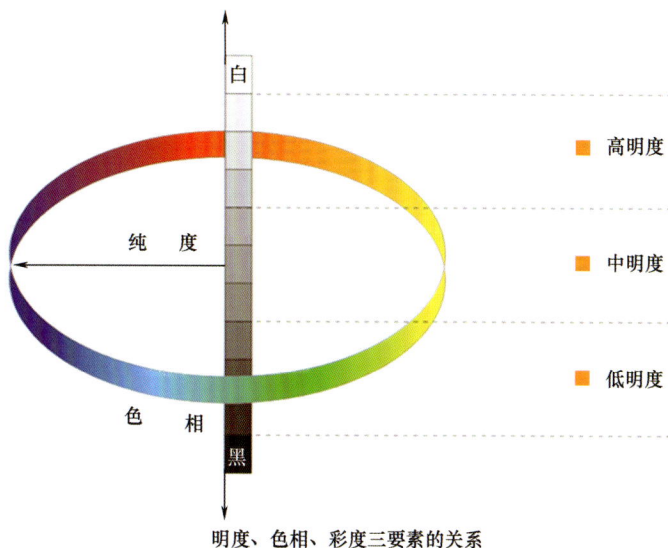

明度、色相、彩度三要素的关系

图2-2

通过它们之间相辅相成的关系可以混合出千万种色彩。如图2-3所示，色相的变化会引起色彩明度和纯度的改变，明度的改变也会引起色相和纯度的变化。

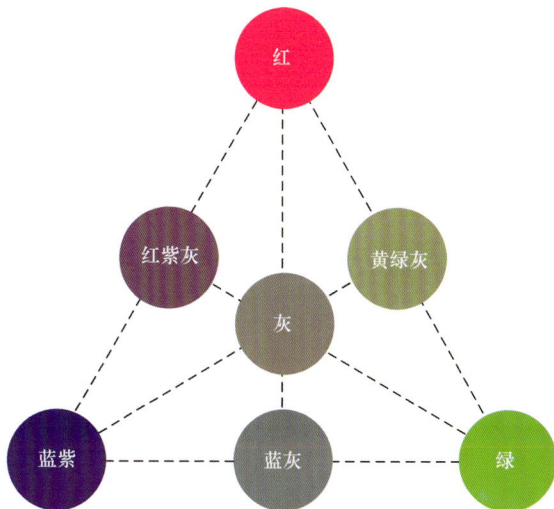

图2-3

二、色彩的分类

1.无彩色

无彩色是指由黑色、白色及黑白两种颜色以不同比例混合出的各种深浅不同的灰色，简称黑、白、灰。它属于既经典又时尚、几乎不过时的色彩类型，是生活服饰中最为常见的色彩，也是大众喜欢并乐于接受的颜色。但要将其穿出品位，必须进行科学的搭配。这里需要说明的是，无彩色系没有任何色相和纯度的变化，只有明度上的变化。图2-4表现的是无彩色系在服装设计中的应用。

图2-4

2.有彩色

凡带有某一种标准色相倾向的颜色，称为有彩色。光谱中的全部颜色都属于有彩色。有彩色以红、橙、黄、绿、蓝、紫为基本色，基本色之间不同量的混合，以及基本色与黑、白、灰（无彩色）之间不同量的混合，会产生成千上万种有彩色。如图2-5所示，带有蓝色倾向和橙色倾向的灰色都属于有彩色。

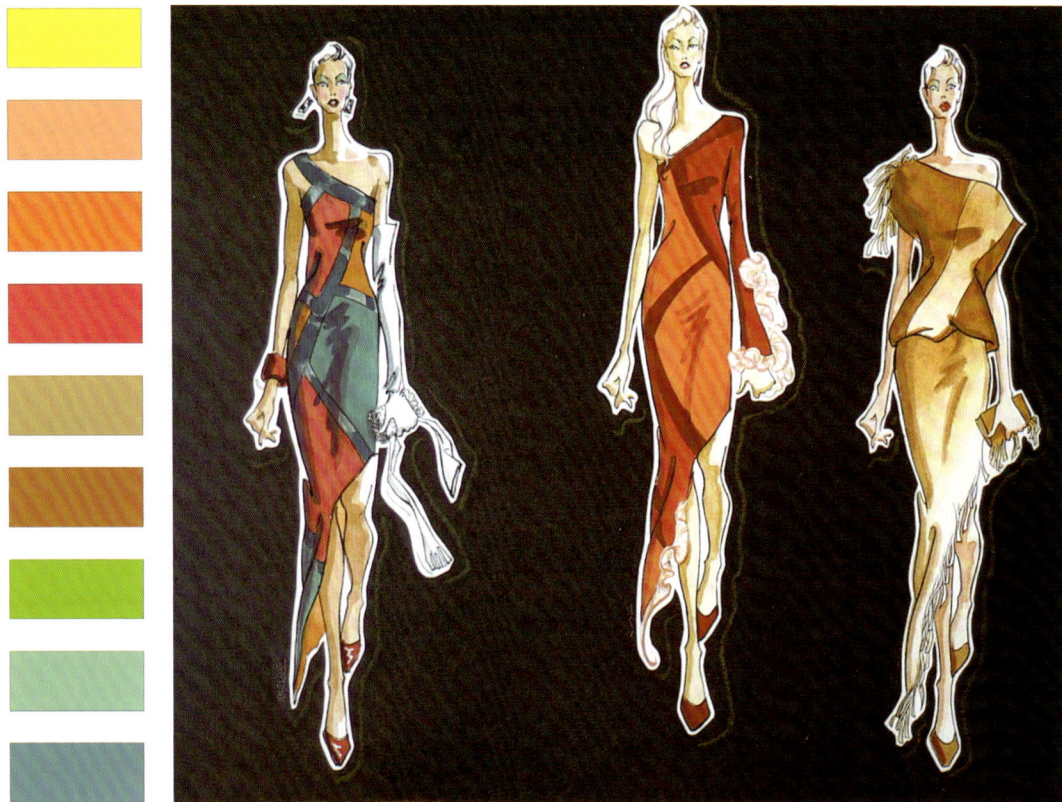

图2-5

三、色彩的表象作用

色彩本身是没有灵魂的，它只是一种物理现象，但人们却能感受到色彩的情感。这是因为人们长期生活在一个富有色彩的世界中，积累了许多视觉经验，一旦视觉经验与外来色彩刺激发生一定的呼应时，人们就会在心理上引出某种情绪。

色彩的冷暖：红、橙、黄色常常使人联想到旭日东升和燃烧的火焰，令人感到温暖，因此称为暖色调；蓝、青色常常使人联想到大海、晴空、阴影，令人感到清爽，因此称为冷色调。色系一般分为暖色系、冷色系、中性色系三类。

色彩的轻重：各种色彩给人的轻重感不同，我们从色彩中得到的重量感，是质感与色感的复合感觉。色彩的轻重与明度有关，明度越高，色彩感觉就越轻，明度越低，色彩感觉就越重。

色彩的前进与后退感：以色相来区分，红、橙、黄为前进色，绿、蓝、紫为后退色；以明度区分，高明度的为前进色，低明度的为后退色。

色彩的膨胀与收缩感：明度和纯度高、暖色调的色彩为膨胀色；明度和纯度低的色彩为收缩色；前进色为膨胀色，后退色为收缩色。

色彩的华丽和朴素：色彩的纯度决定了色彩的华丽感或朴素感。纯度越高给人的感觉越华丽，相反就越朴素，如蓝绿色、咖啡色等复色给人的感觉是朴素感。

色彩的兴奋和安静：明度和纯度高的色彩给人以兴奋、活跃的感觉；明度和纯度低的色彩给人以平静的感觉。在色环中，红色是最兴奋的色彩，蓝色为安静色。

图2-6是以紫色和黄色的补色关系进行调和为例，说明色彩三要素之间的调和关系。

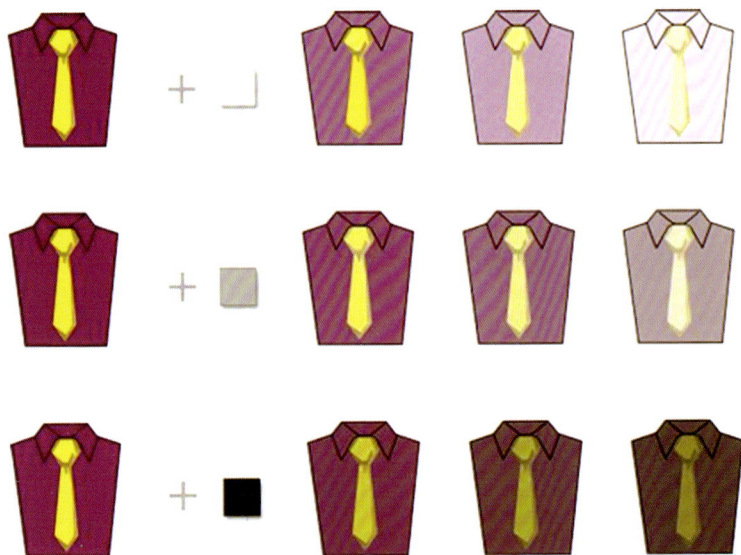

图2-6

图2-7以同一款式的坤包为例，说明色彩感知的表现作用。

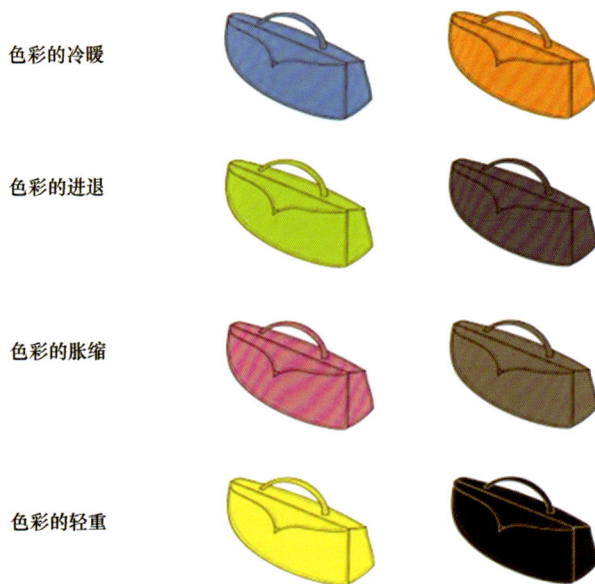

色彩的冷暖

色彩的进退

色彩的胀缩

色彩的轻重

图2-7

四、色彩的象征意义

色彩的象征意义在不同的民族、不同的区域中具有差异性。不同的民族习惯、自然环境、风土人情、科学技术的差异决定了色彩的象征意义的差异，比如中国传统的色彩运用，特别注重色彩的象征意义，把五色、五德与五行共同构建，将自然的、伦理的、哲学的多种观念糅合在一起，在情感色彩中渗入思辨哲理，形成别具特色的中国文化，深入研究色彩的象征对社会生活具有重要的意义。

第二节　寻找属于自己的色彩

色彩对形象设计不仅是最直观、最有效的视觉造型手段，也对服饰心理的调节有举足轻重的作用。正确的认知色彩并且巧妙地运用，可以产生立竿见影的效果。要寻找属于自己的色彩可以从以下几个方面分析：

一、人的固有色

固有色是指一个物体在正常情况下给人的色彩印象。例如，红旗是红色的，草地是绿色的，中国人的肤色是黄的，等等。

地球上生活着不同肤色的人种，所呈现的固有色彩体征也不一样。但无论是黄色人种，还是黑色人种、白色人种，其固有的体征都是由皮肤表皮层因黑色素、血红素、核黄素的沉淀而产生的色彩倾向。

正是由于每个人与生俱来的发色、瞳孔色、皮肤色三者之间共同形成的色彩关系，决定了每个人适合或不适合哪些颜色（图2-8）。

图2-8

二、肤色和服饰色彩的搭配

色彩设计在个人形象设计中占有重要位置，服饰色、妆容色与人体肤色相吻合是形象设计的基础，在此基础上，再与人物的个性、气质相吻合。

色彩的基本属性传达出色彩的基本性格，色彩的冷暖、明暗、艳浊具有不同的心理象征意义，这些不同的色彩心理象征意义与各类人群的性格心理特征相契合。色彩设计与个人性格的关系，就是形式与内容的关系，内容决定形式，形式表达内容。在个人形象设计中，必须依据个人的精神气质与性格特点，选择相应的色彩设计方案。在了解自己的肤色属于暖色还是冷色、深色还是浅色、浊色还是亮色之后，就会很容易找到适合自己的主要色彩。

1.暖色和冷色

如图2-9所示，图中的色彩大体分为两大类，一类是发黄的色彩感觉，另一类是发蓝的色彩感觉，这是两组不同的色彩印象。前者是一组暖色，偏感性；后者是一组冷色，则偏理性。首先需要解决穿衣的方向性问题，皮肤色彩的冷暖会影响我们选择服饰色彩的冷暖基调。这也正是为何有的人一穿饱和度高的暖色就不好看的原因，脸色会显得厚重，没有生气；而搭配了蓝色、灰色、无彩色这些色彩群则显得人比较精神。

图2-9

2.深色和浅色

每个人适合的颜色在明暗度和艳度方面都有所不同。往往皮肤的密实度会直接影响所选用服装颜色的深浅以及发色、化妆色的深浅。而五官的清晰度会决定一个人着装色彩的鲜艳度或者对比。了解适合自己的颜色深浅、鲜艳度以及冷暖基调后，大致就知道了自己的用色范围。

如图2-10所示，黑色皮肤搭配高纯度的亮色，由于皮肤色、化妆色、服饰色彩对比鲜明而有了生动活跃的效果。

图2-10

　　如图2-11所示，白色人种由于肤色、瞳孔色、毛发色明度较浅，在妆容色、服饰色调的选择上，与肤色亮度相吻合的浅色或中纯度基调的颜色较适合，相对于强对比的黑、白搭配，更能凸显浅肤色的明媚和淡雅。

图2-11

　　如图2-12所示，黄色人种由于肤色、毛发色、瞳孔色中的核黄素较多，所呈现出来的肤色有黄色基调，比较适合弱对比的和谐色调，如自然色系的大地色、森林色等。

图2-12

3.浊色和亮色

除了要考虑人体固有色之外，选择适合自己的色彩，还要考虑每个人自身的气质。如果是干练、直爽、睿智的个性，可能比较适合那些饱和度比较高的纯色，而灰浊的、柔和的、温柔的颜色就不一定适合；相反，如果是一个优雅、温柔、女人味十足的人，那些看起来严肃的、深沉的、跳跃的颜色未必适合。恰当的色彩还与情境有关，需要根据自己的社会角色和场合，在实际情况中适时调整。

如图2-13所示，明星走红地毯时多以纯色礼服出席，而职场上的服饰多以中间色调为

社交场合服饰用色参考　　　　　　　　　职场、半职场服饰用色参考

图2-13

宜，前者是为了凸显自己成为视觉中心，后者则不能过于艳丽，避免突出自己，应更多地选择中性色。

三、色彩与性格关系

色彩对人的心理、生理乃至性格影响很大，了解色彩的性格倾向，分析色彩如何影响日常生活和行为，能够帮助我们更准确的找到属于自己的独一无二的专属色彩。

1.了解色彩特点和性格倾向

一个人所偏好的颜色常常代表其性格和感情。心理学家彼得·罗福博士认为，从一个人对服装和服饰颜色的偏好，往往可以推测其心理，这一点在女士身上表现更为明显。由于女性在挑选服装时，会受当时心情的影响，某种程度上可以说，女性的着装色彩即反映着每天的心情。

白色

白色代表着纯洁和神圣。白色是雪的颜色，代表空灵的境界。

喜欢白色的人带着好奇观察周围的人，他们也与周遭浑然一体。喜欢白色的人看上去比较羞涩，但实际上他们非常外向活泼。有这种色彩倾向的人有时会用一种很挑剔的眼光看待别人，可能对方却一点也感觉不到（图2-14）。

图2-14

绿色

绿色是由蓝色和黄色对半混合而成，因此绿色也被看作是一种和谐的颜色。它象征着生命、平衡、生命力。

　　偏爱绿色的女性性格趋于安静，行动谨慎，安于现状，但缺乏冒险精神。在感情方面羞于主动，但是她们乐意去帮助别人，喜欢隐藏自己的思想，也不过分关注别人的事，所以往往是很好的聆听者。她们希望每个人都能过上和谐的生活，因此也很容易成为别人最好的朋友（图2-15）。

图2-15

蓝色

　　蓝色令人感受到的是孤独、沉思、独立和平静。

　　喜欢蓝色的人诚恳真挚，富有幻想，喜欢独处在个人世界里，并且对别人存有戒备心理。他们非常感性化，情绪时起时落，在人生的过程中他们不断地体验着各种感受。他们十分愿意和别人交往，但同时他们也很容易受别人的影响，环境对喜欢蓝色的人影响很大（图2-16）。

黄色

　　黄色是所有颜色中反光最强的。它有激励、增强活力的作用，能够增加清晰度，便于交流，并以机智而著称。

　　偏爱黄色的人们内心天真烂漫，同时喜爱权力和控制他人，他们不想改变，富有科学性、分析性、判断性。独立而专业，很顽固、不坦率，以自我为中心，经常担心焦虑。

图2-16

偏爱黄色的人通常有较强的商业意识，但也较自我封闭，不会让很多人走进他们的生活（图2-17）。

图2-17

红色

红色象征着能量、活力、意志力、火焰、力量。喜欢红色的人通常激情四溢，精力充沛，而且很会赚钱。

喜欢穿红色服装的女性被认为是"具有丰富愿望的年轻型"，生活中她们常常感到不满足，富有冒险精神，追随流行时尚，但其变幻无常的性情常常令人捉摸不透。思维非常敏捷，同时她们又是情绪型的人，可能在你面前突然像活火山一样不时地爆发一次，然后很快就会平静下来（图2-18）。

图2-18

橙色

橙色是繁荣与骄傲的象征，是自然的颜色。

偏爱橙色的人通常都非常热爱大自然，并且渴望与自然浑然一体，他们喜欢户外活动。由于有同情弱者的情结，他们总会很热心地去帮助那些值得帮助的人，而"礼贤下士"这点也常受到旁人的赞扬（图2-19）。

紫色

紫色代表权威、声望、深刻和精神。

偏爱紫色的人感情也许会比较浪漫，无论是在信仰还是情感方面，总在努力做得比现有的更好。喜欢紫色的人擅长社交，通常有很多朋友，这是因为他们总是考虑优先别人，并且有领袖风范（图2-20）。

图2-19

图2-20

黑色

黑色是一种否定和决断的颜色。

偏爱黑色的人通常具有很强的统计能力，抑制感情外露但渴望关怀爱护。尽管处于重压之下，他们可能也会表现得很自然。他们通常会在个性上很复杂、在气质上很高贵，富有戏剧性，并且给人一种很强势的感觉（图2-21）。

图2-21

色彩会对人的视觉、情绪、心理产生刺激，直接影响工作的效率。要合理地运用色彩进行形象设计，就要具体情况具体分析。一个人如果处在无色彩的高明度环境中，就会产生无助感和单调乏味的心理反应。但是如果搭配以恰当的色彩，就会使环境富有生气，同时也会在空间位置中形成视觉中心，建立起方向感和存在感。

色彩也具有一定的积极作用，能积极地矫正一个人性格上的缺陷和倾向，从而促进个性的正常发展。但也不能因为一种表象而简单定论，一个人喜欢的颜色常常有很多种，不可一概而论，知道色彩与性格的关系，对于了解其内在性格并完善形象会有所帮助。

不同性格的人选择服装时应注意性格与色彩的协调：沉静内向者宜选用素净清淡的颜色，以吻合其文静、淡泊的心境；活泼好动者，特别是年轻姑娘，宜选择颜色鲜艳或对比强烈的服装，以体现青春的朝气。有意识地变换色彩也有扬长避短之效，例如过分好动的女性，可借助蓝色调或茶色调的服饰，增添文静的气质；而性格内向、沉默寡言、不善社交的女性，可试穿粉色、浅色调的服装，以增加活泼、亲切的韵味，相反明度太低的深色服装会加重其不可亲近之感。

2.喜爱色不等于适合色

每个人在选择服饰和装扮时都有自己喜爱的颜色和色系，通常会认为自己喜欢的颜色就是适合自己的颜色。但事实上并非如此，很多人喜爱的颜色恰恰是自己的排斥色。例如暖色皮肤的人如果选择其偏爱的玫瑰红色的服饰和妆容，不但没有起到美化的作用，反而会使自己的脸色看起来憔悴，原因在于暖色皮肤有黄色成分，玫瑰红是冷色红，有紫色成分，黄色和紫色是一对补色关系，因此，玫瑰红会让脸色显得很憔悴。如何分辨自己喜欢的颜色是否适合自己，可以从以下几个方面考虑：

分析自身喜爱颜色和肤色、毛发色、瞳孔色之间是否和谐；

分析自身性格特质与选用的颜色之间是否和谐；

分析自身气质与所选服饰、妆容色之间是否和谐；

分析自身职业特点与所选服饰、妆容色之间是否和谐。

四、季节色彩理论

早在1974年，美国的卡洛尔·杰克逊女士发现，不同人种都有与生俱来的特征，比如毛发色、瞳孔色、肤色这些都是不会因为外界环境改变而变化的，这些色彩特征是由于体内的核黄素、血红素和黑色素共同构成的，它们呈现的色彩倾向和最佳形象设计时的用色正好和四季的色调特征吻合，因此，她便根据色彩冷暖调子分成两种类型，并分别用大自然的"春、夏、秋、冬"四季命名季节色彩（Seasonal Color），称为"四季色彩理论"，很好地揭示了人与色彩之间相协调的规律。

四季色彩理论是以皮肤的蓝色基调、黄色基调和无色基调等三个分类为基础；也是以人与生俱来的皮肤色、毛发色、瞳孔色为依据，分成春季、夏季、秋季、冬季四种基本类型。

1983年，英国Color me beautiful的形象色彩专家玛丽·斯毕兰女士在原有的四季色彩理论的基础上，根据色彩冷暖、明度、纯度等三大属性之间的相互联系把四季扩展为十二季，浅春型、暖春型、净春型、浅夏型、柔夏型、冷夏型、暖秋型、柔秋型、深秋型、净冬型、冷冬型、深冬型，从而更加精确地帮助人们解决了形象设计的用色问题（图2-22）。

1.春季型

如图2-23所示，春季型有着纤细、明亮的白色皮肤，脸颊上有一些珊瑚粉的红润，一双跳跃着青春活力的眼睛，头发柔软偏黄。春天型人属于暖色系，因此最适合的粉底是暖色的浅象牙粉底，眼影用明亮的浅金棕色系列和今年流行的金黄色、淡绿色等，口红、腮红选用珊瑚粉、橘红系列。

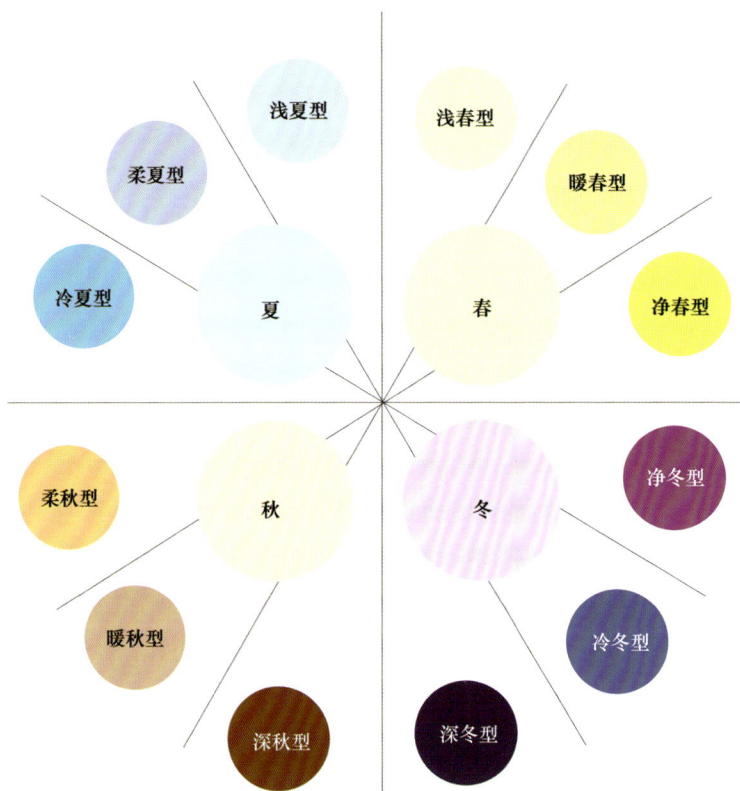

图2-22

图2-23

春天型人适合穿着以黄色为基调的各种明亮、轻快的颜色，如浅水蓝、暖粉、果绿等，给人以明快、年轻的感觉。使用颜色时，可采用对比色调，即身上可同时出现两种或两种以上的颜色，避免穿着黑色和藏蓝色等重色调。

2.夏季型

如图2-24所示，夏季型的人常给人一种很柔和的感觉，肤色既有泛冷粉的米白色，又有健康的小麦色，头发一般为柔软的深褐色或黑色。由于夏天型人的肤色可让人联想到玫瑰色，粉底最适合偏玫瑰粉的冷米色，眼影选择和服装一致的颜色，如淡蓝、淡紫、银色，口红、腮红选用玫瑰色系列。

图2-24

夏天型的人适合穿深浅不同的蓝色、粉色、紫色等以蓝紫色为基调的颜色。为了保持夏天型柔和雅致的感觉，在色彩搭配上应在同一色相做浓淡搭配，回避强烈色彩的反差对比。

3.秋季型

如图2-25所示，秋季型的皮肤好像瓷器一般，脸上很少有红润的光泽，给人一种深象牙色金黄色调的感觉，眼神沉稳，棕褐色头发，给人以成熟、稳重的感觉。由于秋天型的皮肤缺少血色素容易显得不健康，所以应选择正确的口红、腮红，以此来突出脸色的透明感和红润感。粉底最适合象牙色，腮红以棕红或砖红为主，眼影用咖啡色系列配上橄榄绿、黄、泥金色等。

秋天型适合穿戴金黄色调的绿、黄、砖红、咖啡系列，这些深色系宜采用同一色相深浅搭配或相邻色对比搭配。

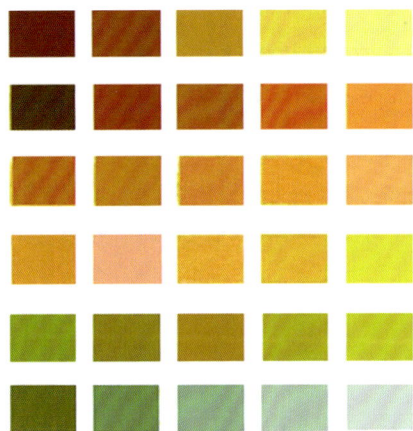

图2-25

4.冬季型

如图2-26所示，冬季型在肤色上有冷白和暗黄之分，面部很少出现红润的光泽，眼睛乌黑发亮、犀利有神。冬季型人发质较硬，通常有着一头浓密的黑发，脸上虽缺乏红润但

图2-26

毛发乌黑，配上泛冷的米色肌肤，给人以冷峻美感。因此，粉底宜选用偏玫瑰的冷米色，眼影采用蓝、银、灰色系列，口红、腮红采用深玫瑰红、酒红系列，这些色调会把冬天型的五官气质更好地表现出来。

冬天型在穿着上适合选择纯正、鲜艳、有光泽感的颜色，穿黑色时，一定要有丝巾或衬衣领配上银色系耳饰，这样明丽的感觉才能体现出来。

五、服饰色彩与季节协调法

①春天：宜穿着明快的色彩，如黄色中含有粉红色、豆绿色或浅绿色等。

②夏天：宜穿着以冷色为基调的颜色，给人以凉爽感，如蓝色、浅灰色、白色、玉色、淡粉红等。

③秋天：宜穿着中性色彩，如金黄色、橄榄色、米色等。

④冬天：宜穿着深沉的色彩，如黑色、藏青色、古铜色、深灰色等。

六、服饰色彩与体型协调法

①体型肥胖者：宜穿着墨绿、深蓝、黑等深色系列的服装，因为冷色和明度低的色彩有收缩感。颜色不宜过多，一般不要超过三种颜色。线条宜简洁，最好是细长的直条纹衣服。

②体型瘦小者：宜穿着红色、黄色、橙色等暖色调的衣服，因为暖色和明度高的色彩有膨胀的感觉。不宜穿深色或竖条图案的衣服，也不宜穿大红大绿等冷暖对比强烈的服装。

③体型健美者：夏天最适合穿着各种浅色的连衣裙，宜稍紧身，并缀以适量的饰物。

第三节　流行色

流行色的产生不是由人们的主观愿望所决定的，它是由社会思潮、经济状况、生态环境、审美心理、消费水平等综合因素所决定的，它反映一个时期内人们在色彩观念上的变化。比如当男式白色衬衫一统天下时，有色衬衫、深色衬衫又会带来新的穿着时尚，衬衫的款式并没有发生变化，只是色彩带来了新一轮的流行。

一、流行色概念

流行色（Fashion Colour）是人类社会文明的标志，它洋溢着美的旋律，是人类精神享受的重要组成部分。所谓流行色即"时髦色彩"，是指在一定的时期和地区内被大多数人所喜爱或接纳的几种或几组时尚的颜色。

最为著名的流行色研究方法有两种，一种是法国流行色协会的灵感提取法，另一种是日本的数据归纳法。对于社会状况和流行色的研究，日本流行色协会有更全面的历史纪录，图2-27是针对从 1969 年到 2000 年的一些数据，数据证明经济状况和流行色之间的关系：经济好的时候，鲜艳的颜色就比较流行；经济不好的时候，黑白灰比较流行。

流行色变化规律图示

1969年			经济上升
1980年			贸易摩擦
1987年			经济上升
1992~1999年			经济危机

图2-27

二、流行色的特征

1.流行色具有时间性

流行色是随着流行时尚的发展而提出的一种具有时代性的、可参考的并有一定指导性的流行色系，它是相对于流行而言的一种流行形式。流行色是按春夏、秋冬的不同季节来发布的。

2.流行色具有规律性

由国内外流行色演变规律可知，流行色从产生到发展，一般经过始发期、上升期、流行高潮期和逐渐消退期四个阶段，其中，流行高潮期称为黄金销售期，一般持续约为1~2年时间。流行色以服装纺织品行业反应最为敏感，流行周期最快，四个阶段总体演变的时间跨度大约为5~7年。发达国家的变化周期较快，发展中国家周期变化较慢，贫困、落后的国家和地区甚至没有明显变化。

3.流行色具有空间性

不同区域、不同国家的审美意识不尽相同，所以流行色的状态也有所差异。如美国人豪爽、自由，通常其流行色的纯度偏高。法国人细腻、浪漫，则较偏好略带微小变化的灰色调流行色。

三、流行色的预测与运用

流行色的研究最初是由日本、瑞士、法国等国发起的，并于1963年建立了国际流行色协会，现有近20个成员国。根据各成员国每年两次向协会提供的代表该地区特色的色样，经专家评议，推出既具有各地区特色又符合国际流行标准的色谱。每年的12月份预测并确定两年后的秋冬流行色，6月份预测并确定两年后的春夏流行色。流行色的发布对服装、面料、服饰配件以及生活时尚都具有指导意义。

　　每年流行色权威部门都会发布来年春夏和秋冬的流行色趋势信息，流行色通过采集及重构之后对时尚产业如服饰品、化妆品以及相关设计领域产生引导设计、引领消费的作用。如图2-28、图2-29所示，流行色的趋势发布会根据一个主题展开，并通过代表性的图片、索引关键词及简要文字说明流行色的特征，引导设计从业人员及消费者对即将流行的色彩产生初步的感知。

图2-28

图2-29

四、流行色的启示

　　流行色与服装的关系非常紧密，人们在选购衣物时，对流行色彩极为敏感。在国外服装消费市场上，同样款式、质地的服装，当季流行的色彩要比过时色彩贵几倍。在个人形象设计中，时刻注意潮流变化，选择时尚的色彩是每个爱美人士追求完美形象的捷径（图2-30）。

图2-30

第四节　服装色彩搭配规律

在设计中，色彩搭配的组合形式直接关系到服装整体风格的塑造。设计师可以采用一组纯度较高的对比色组合来表达热情奔放的热带风情；也可通过一组彩度较低的同类色组合体现服装典雅质朴的格调。在服装设计中最常用的配色方法有同类色搭配、邻近色搭配、对比色搭配、补色搭配和万能色搭配五种。

一、同类色的服装配色方案

同类色指色相性质相同，但色度有深浅差异，处于色相环中15°夹角内的颜色。同类色配合是指通过同一种色相在明暗深浅上的不同变化来进行配色，如深红配浅红、墨绿配浅绿、咖啡配米色等，同类色配合使服装显得柔和文雅，是最不容易出错的搭配方案，如图2-31所示。

图2-31

二、邻近色的服装配色方案

所谓邻近色，指在色带上相邻近的颜色，例如绿色和蓝色、红色和黄色。

邻近色之间往往你中有我，我中有你。比如朱红与橘黄，朱红以红为主，里面略有少量黄色；橘黄以黄为主，里面有少许红色。虽然它们在色相上有很大差别，但在视觉上却比较接近。在色相环中，凡在60°范围之内的颜色都属邻近色的范围，邻近色搭配给人们温和协调之感。与同类色搭配相比较，邻近色搭配的色彩感觉更富于变化，所以它在服装上的应用范围比同类色搭配更广。如图2-32所示，选择相近的邻色作为服饰的搭配有以下技巧：

（1）两种颜色在纯度和明度上要有区别，全身色彩有明确的基调。主要色彩应占较大的面积，相同的色彩可在不同部位出现。全身服装色彩要深浅搭配，并要有介于两者之间的中间色。把握好两种色彩的和谐，使之互相融合，能够取得相得益彰的效果。服装的色彩可根据配色的规律来搭配，以达到整体色彩的和谐美。

（2）全身大面积的色彩一般不宜超过两种。如穿花连衣裙或花裙子时，背包与鞋的色彩，最好在裙子的颜色中选择，如果再增加其他颜色就会显得凌乱。

（3）服装上的点缀色应当鲜明、醒目、少而精，起到画龙点睛的作用，一般用于各

图2-32

种胸花、发夹、纱巾、徽章及附件上。

（4）上衣和裙、裤的配色示例可参考以下搭配：淡琥珀—暗紫、淡红—浅紫、暗橙—靛青、灰黄—淡灰青、淡红—深青、暗绿—棕、中灰—润红、橄榄绿—褐、黄绿—润红、琥珀黄—紫、暗黄绿—绀青、灰黄—暗绿、浅灰—暗红、咖啡—墨绿、灰黄绿—黛赭等。

三、对比色的服装配色方案

在色相环中，每一种颜色对面（120°对角）的颜色，称为对比色。对比色搭配会给人强烈的排斥感，若混合在一起，则会调出浑浊的颜色，比如红与绿、蓝与橙、黄与紫互为对比色。

对比的形式包括色相对比、明度对比、饱和度对比、冷暖对比、补色对比等。这是构成明显色彩效果的重要手段，也是赋予色彩以表现力的重要方法。其表现形式又有同时对比和相继对比之分，比如黄和蓝、紫和绿、红和青，任何色彩和黑白、深色和浅色、冷色和暖色、亮色和暗色等都是对比色关系。如图2-33所示，对比色的色彩配合所体现的服装风格鲜艳、明快，多用于运动服、儿童服、演出服的设计中。

图2-33

四、补色的服装配色方案

　　三原色中，任何一种颜色即是其他两种原色等量混合的补色。在色相环中，补色搭配是在色相环上180°两端两个相对色彩的配合。原色有三种，即红、黄、蓝，它们是不能再分解的色彩单位。三原色中每两组相配而产生的色彩称之为间色，如红加黄为橙色、黄加蓝为绿色、蓝加红为紫色，橙、绿、紫称为间色。红与绿、橙与蓝、黄与紫就是互为补色的关系。由于补色有强烈的分离性，故在色彩绘画的表现中，在适当的位置恰当地运用补色，不仅能加强色彩的对比，拉开距离感，而且能表现出特殊的视觉对比与平衡效果，其效果比对比色配合更为强烈。如图2-34所示，在配色中要注意主次关系，同时还可通过加入中间色的方法使对比效果更富情趣。

图2-34

五、万能搭配色配色方案

黑、白、金、银与任何色彩都能搭配。其中黑色和白色没有纯度变化只有明度变化，金色是暖色，银色是冷色。如图2-35所示，搭配白色，会增加明快清爽感；搭配黑色，会平添稳重成熟感；搭配金色，则会增添华丽优雅感；搭配银色，则会产生时髦未来感。

图2-35

本章小结

　　色彩是形象设计中的第一视觉要素，本章从色彩的基础构成原理入手，了解人的固有色和服饰色彩之间的搭配规律和技巧，从而掌握个人色彩以及色彩在形象设计中的运用。

思考题

　　1. 色彩的基本构成原理是什么？

　　2. 如何找到属于自己的专有色彩？

　　3. 色彩和人体肤色、性格、体型、季节之间的关系如何？

　　4. 收集下一季的流行色，并分析其演变规律及在形象设计领域的应用。

　　5. 通过小组讨论，并实践完成：服饰色彩搭配规律在现实生活中的应用案例研究。

第三章　服饰创意与形象风格塑造

学习目的

　　以风格为切入点，了解服饰风格、廓型等相关内容及之间的关联性，掌握服饰风格的分类和个人风格的构成要素。

学习计划

　　从构成风格的表现特征、风格分类、场合着装和造型要素进行分析，以此提升综合判断和塑造个人风格的能力。

第一节　个人风格

　　同一件衣服穿在不同的人身上就会有不同的效果：有的人穿得好看，有的人穿着不合适。每个人都有自己的风格，无论你是高、矮、胖、瘦，只要找对自己的色彩群和风格款式，就能展现出独特的个人魅力。

　　风格是每个人与生俱来的特质，不必去模仿别人也不必盲目地追随流行，只是大多数人还没有发现自己的风格，这需要培养良好的审美和创造美的能力，寻找个人风格的过程就是形象设计实现的过程。

　　如果为了追求某一种当时流行的审美趣味，而改变自身固有的部分，那么整体的均衡感失去，不自然就不协调，当然也很难实现美的效果。

一、个人风格的形成

　　个人风格是指艺术创作者在作品中表现出的独特之处和个性特征。风格成熟的艺术作品即使不用署名也可以清晰的辨认出作者，这就是艺术家的个人风格。构成艺术风格的因素包括题材选择、表现手法、技术等因素，它具有相对的稳定性。

　　生活中我们看到许多普通服装消费者并非服装专业从业人士，但对着装的要求和搭配很有心得，能够掌握一定的方式技巧，从而形成独特的个人着装风格。每个人都有自己的穿衣习惯，有的刻意，有的随意，而一般的评判标准是什么呢？在适合的时间、地点、场合，穿着和谐的服装，不出错——这是着装境界中最基本的标准；穿出美感——这是第二层境界；穿出个人风格——这是着装的最高境界（图3-1）。

| 和谐 | 美感 | 个性 |

图3-1

如何穿出个人风格？可可·夏奈尔有一句名言：流行易逝，风格永存。要想找到个人独特的风格，一方面需要有挑选服饰的眼光和品位，另一方面则需要搭配的技巧和智慧，但最重要的是懂得怎样避开稍纵即逝的流行风尚，建立自己的风格。

那些独具个人风格的女性可以作为榜样，如奥黛莉·赫本、玛丽莲·梦露、凯特·莫斯等（图3-2）。

图3-2

形成个人风格的因素有很多，大致可以分为主观因素（内因）和客观因素（外因）两个方面，两者互相作用，相互统一。主观因素主要包括个人的世界观、气质性格、个人经历、禀赋灵气、学识修养等，这些影响着个人风格的形成。世界观决定了价值观、道德判断等方面，学识修养会影响人的审美趣味，而人的气质禀赋则可能通过个人形象有所体现，个人经历也会在外在形象上留下印记。客观因素包括所处的时代、社会环境、民族、阶级、社会经济发展等社会条件，这些对风格的形成具有内在的制约作用。

除了以上所说的"头脑"的准备，艺术还需要"手"的配合，特别是造型艺术，从某种角度讲，不论它们最终达到何等至高无上的艺术境界，它们最基本的层面仍是"手艺活"，即需要有充分的艺术表现技巧，即使题材相同，如果采用不同的表现手法，最后也可以产生完全不同的艺术风格。

对服装设计师而言，创造各类着装风格的基础是知识和技能，那么，对个人而言，个人风格则建立在自信和对生活的热情之上。首先要从根本上接纳自己，学会接受自己的缺点，不要总是试图掩藏，有时它可以变成特色。好眼光、好品位与衣服的价格没有直接关系，要懂得把不同风格的单品进行混搭来应对各种场合。不要成为品牌与潮流流行的牺牲品。

二、个人风格的分类及表现特征

每个人的五官给人的感觉都会不一样，有的显得很年轻、有的则会很成熟，有的很生动、有的则比较安静，有的皮肤白皙、有的则很暗沉，有的皮肤精致、有的显得粗糙厚重。不同的五官也就形成了不同的气质风格，通过服装、配饰来更好的修饰我们与生俱来的五官，是做好形象设计的前提。

1.轻与重

眼睛是心灵的窗户，看一个人的眼神和他所呈现出来的气质状态，我们就能读得出：这个人是年轻的、轻盈的、单纯的还是沉稳的、稳重的、成熟的。除此之外，我们还要结合一个人的头发色、皮肤色的深浅，综合读出这个人或轻或重的印象特征。表现"轻"的人，他的穿衣用色整体的明度倾向会偏轻；而表现"重"的人，他的穿衣用色整体的明度倾向会偏重。有的人年纪也许不小，但他的气质特征及眼神、发色、肤色所表现出的是年轻、轻盈的感觉，这类人在除特定场合下，一般不适合大面积的深重色；而有的人往往年纪轻轻却给人成熟稳重的气质特征，眼神、发色、肤色所呈现的是成熟、稳重的感觉。五官所营造出来的"重"感适合的色彩群包括棕色系、深红色系、蓝紫色系等。这种由眼神所带出的气质是与生俱来的，不会因为年龄的增长而改变，因此也是形象设计中最容易捕捉的信息（图3-3）。

服饰整体搭配所呈现的风格也带出不同的轻重感受。比如颜色浅、面料轻盈、色泽华丽、款式简洁流畅、廓型曲线感强的服饰较多产生"轻"的感觉；而色彩厚重、材质肌理丰富、面料粗糙、廓型方正体量大、较为紧身的款式较多产生"重"的感觉。在对设计主体进行形象设计的时候，要分析好设计对象所呈现的整体特征，以此为依据来选择适合该设计对象的最佳服装搭配（图3-4）。

2.动与静

为什么有些人的五官所呈现出来的是动态之美？因为他们的五官相对更清晰更立体，而有些人的五官则比较恬淡和安静。五官的"动与静"要从清晰度、对比度和紧凑

图3-3

图3-4

度三个方面来判断。五官清晰度是从五官的形状清晰与否、眼珠与眉毛的对比效果、肤色和唇色以及毛发色对比是否清晰为判断依据的。五官对比度是指五官的大小关系。五官紧凑度是从五官的"三庭五眼"的审美标准来衡量五官在面部的平面布局。如有的人眼距过宽就是不紧凑的感觉，需要刻画内眼角和对鼻根处进行修饰，使之符合标准尺度（图3-5）。

动　　　　　　　　　　　　　　　　　　　静

图3-5

　　服装款式也有动静之分，简单的款式显得安静，复杂的款式显得生动。五官偏静态的人穿着安静款式的服装会最为和谐。相反，如果穿着动态的服装则会更加弱化自己的五官。而五官偏动态的人则比较幸运，她们既可以选择静态的服装，也可以选择动态的服装，穿动态的服装会显得协调，而穿静态的衣服会使五官更为突出，容易给人留下印象（图3-6）。

动　　　　　　　　　　　　　　　　　　　静

图3-6

3. 细与粗

服装面料的质感有细腻与粗糙之分，图案有硬朗和柔美之分，光泽有亮光和哑光之分，通过服装面辅料给人在视觉、触觉上的不同感受，可以营造出服装整体的"粗与细"之分。通常来说，轻薄、光滑、图案小的面料给人以"细"的感觉；厚重、粗糙、图形大的面料给人以"粗"的感觉（图3-7）。

细　　　　　　　　　　　　　　粗

图3-7

4. 曲与直

脸部的轮廓是指脸的骨骼形状及五官线条的走势。直线型的脸骨骼比较突出，五官立体，给人中性硬朗的感觉；曲线型的脸骨骼比较柔和，五官细腻而圆润，给人温柔的感觉；难以区分的为中间型。应该注意，在判断一个人的面部轮廓倾向于直线感还是曲线感时，应该综合骨骼的形状和五官线条的共同作用，而并不是凭借某个器官的形状和身材的胖瘦来决定和判断（图3-8、图3-9）。

直

中间

曲

图3-8

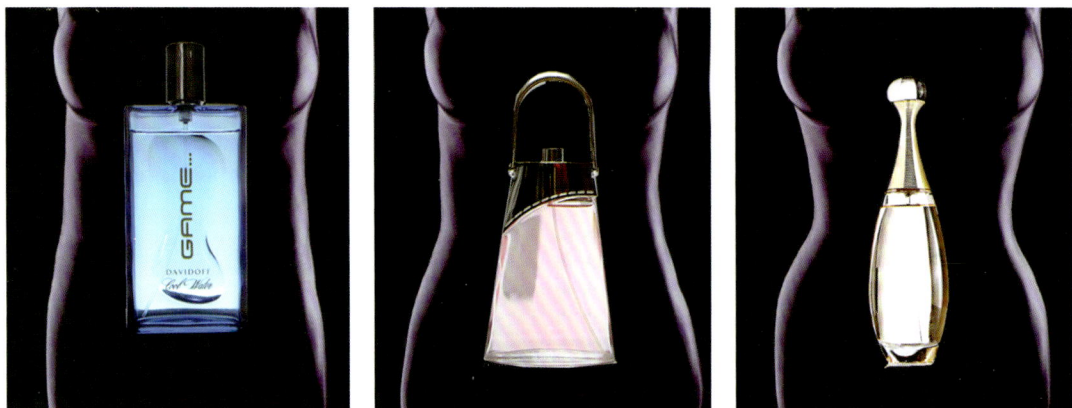

| 直线型身体 | 中间型身体 | 曲线型身体 |

图3-9

三、寻求个人风格

风格是每个人与生俱来的特质，不必去模仿别人，也不必盲目地追随流行，只是大多数人还没有发现自己的风格，这需要培养良好的审美和创造美的能力，寻找个人风格的过程就是形象设计的过程。

大众在寻找自己风格的时候，往往会试图模仿某一流行的着装风格或者某一明星的风格。真正拥有自己的风格的人并不多，人们或多或少的都会对自己的形象存在一定的困惑，因此，帮助人们找到属于自己真正的个人风格非常重要。人人都想把自己的外观形象打扮成自己心目中的理性形象，但是这种理想形象又根据不同的主观、客观条件在随时变化着，个人理想的自我形象随着年龄、阅历和兴趣等的变化也会随之改变。

不同历史时期的不同国家、不同民族中，又存在着不同的理想形象。比如在中国古代有以三寸金莲为美的时期，而法国人却醉心于别样的高跟鞋；欧洲的文艺复兴时期直到法国大革命都以各种夸张的裙撑为上流社会的理想形象，而法国大革命前后又以没有裙撑的自然轮廓线为着装标准，但随后的19世纪中期欧洲女裙又一次以夸张的裙撑为美的标准；超短裙在20世纪60年代末是伦敦东区反传统反社会的象征，到了20世纪80年代却反而成为北美办公室女性的时髦"制服"。以流行歌后麦当娜为例，如图3-10，她的各种风格穿越历史，在借鉴与创造中，展示着独特的麦当娜。

除了对个人风格的了解，我们还需要掌握科学的分类方法。个人服饰风格规律是指根据每位女性与生俱来的体型特征进行分析和归类，研究不同的体型对不同服饰的适合度，划分出与其相协调的服饰风格规律，并根据每个人的体型细节给出服装、配饰、质地、图案、发型、妆面的装扮建议。

图3-10

　　我们每个人都会因为自己的长相、身材、神态等与生俱来的元素形成不同的体型特征。每一种体型特征都会带来不同的风格规律，这与我们的形象装扮有着密不可分的关系。不同廓型的服饰带来不同的风格氛围，如果根据体型来寻找与其相吻合的服饰，人体与服饰之间能够形成共性关联，服饰才与人协调一致，达到完美统一的视觉效果。

第二节　服饰形象设计与风格

形象设计，人们最容易理解为化妆与美容，然而这是非常片面的理解。形象设计旨在通过对被设计者个性气质的把握，运用艺术造型手段，通过美容化妆、服装服饰、发式、仪容仪态、言谈举止等综合元素设计出符合人物身份、修养、职业、年龄的形象。它是人物内在素质与外在形象全方位的完美结合，最终所展示出的美的状态会呈现出特定的倾向性，从而形成一种风格。

一、形象设计的受众分类

1.生活中的形象设计

随着生活水平的不断提高，人们对生活质量的要求和自身形象的关注程度越来越高，对自身的形象设计已不再满足于简单的穿衣打扮，而是有了更高层面的审美追求。大众在特殊场合下也越来越关注自身的形象：商务人士参加宣传活动需要形象设计，白领人士参加聚会需要形象设计，求职者参加招聘面试也需要形象设计……形象设计师也从原来的影视、文艺等专业机构走进了大众生活。

生活中的人物形象设计要求在深入了解设计主体的自身条件和要求下，通过交流、测试，然后设计出独一无二的个人形象。这种形象不是单纯外表的形象改变，而是基于设计主体自身气质下的外在形象的塑造和提升。

例如，人们经常会接到一些参加西式晚宴的邀请，在这种场合下，精致考究的服饰是十分必要的，男士应以西装为主，女士则应着裙装。根据宴会的种类不同，在个人形象设计上也应有所不同，如一些私人的家宴或者酒吧PARTY，个人形象上可以走简约轻便路线，装扮方面自然以考究的方向为主，女士以时尚、高贵为设计准则。

职业形象设计，是根据从业者的职业要求、行业形象和个体特征，运用多种科学理论、方法和技术对其职业形象进行系统的设计和开发，并进行形象养成性训练的整个过程。每一个人、每一个团队都需要良好的形象，只要认真研究，精心设计、塑造，经常训练，都会营造出相对美好的形象（图3-11）。

2.舞台中的形象设计

主持人、舞蹈演员、模特、歌手都属于舞台中的人物形象设计，但由于他们各自的角色和任务不同，设计要求也不一样。

比如民歌手的造型会依据每次所演唱的曲目风格和背景来设计形象，服饰一般都比较绚丽、装饰细节华美、化妆有些是青春甜美风格，也有些富于地方特色。

主持人的造型除了要尊重主持人原有的个人气质和风格外，还要考虑大众的审美。并且，根据不同的节目，主持人的形象设计又有不同。大型晚会的主持人要求服饰简洁端庄，面料及工艺比较高档，造型上要求知性大气；而娱乐节目主持人则要求个性突出、时

图3-11

尚前卫。

　　模特的造型要根据演出的目的而定。如果是为品牌推广演出，就要和该品牌的服饰风格一致，或青春休闲，或优雅成熟，为烘托整体气氛，造型上要求干净时尚，但不能喧宾夺主；如果是为一些主体性的活动演出，服饰风格上一般变化较多，在造型上可以适当夸张；如果是个人作品展演，一般都有明确的主题，模特造型上就要根据主题展开设计，设计感和造型感更强（图3-12）。

　　3.影视作品中的形象设计

　　独特的人物形象是一部影视剧的灵魂，也是影视作品成功的主要因素。影视人物形象以剧本为前提，以表演为手段，以影视为媒介，除了明确年龄、身份、民族、职业、个性、时代特征等一般要求外，还要适应影视剧的故事主题、故事情节、场合环境等。通过对主要角色形象设计的实现来展示角色的性格魅力，是丰富影视语言的重要途径。

　　影视作品中的人物形象设计与日常生活中的个人形象设计既有相似处又有不同点。两者都是以人为主体的设计，影视剧中的形象也要依托演员自身形象为基础，这种形象的塑造是为了烘托人物性格、推动剧情发展而服务的（图3-13）。

图3-12

图3-13

以《黄鹤楼传奇》中的鹦鹉仙子的整体服饰造型设计为例（图3-14），羽毛的主体元素极好地烘托了角色的性格特征。

图3-14

二、服饰风格

人物形象设计的风格往往与服装风格紧密结合，服装的风格和流派多来自于绘画、造型艺术，甚至文学、音乐的演变，例如服装设计中的"朋克风格""摩登风格""民族风格"等都是由音乐、绘画、文化现象等延伸过来的。可见，服装设计和人物造型共同构成了人物形象设计的风格，对风格的把握需要对相关文化背景知识的了解和应用。

1. 休闲风格形象设计

休闲，英文为"Casual"，此词在时装领域覆盖的范围很广，应用于日常穿着的便服、运动服、家居服中，或把正装稍作改进为"休闲风格的时装"，凡别于严谨、庄重的服饰都可称为休闲装。因此，休闲风格人物造型设计就是根据人物出席的场合、时间和人物主体的个人特质所营造出来的形象。根据服饰搭配的细节又有所区分，通常包括以下几种休闲风格：

运动休闲风格：这种风格主要体现了其功能上的作用，以便在休闲运动中能够使人体舒展自如，它以良好的自由度、功能性和运动感赢得了大众的青睐。代表单品有全棉T恤、涤棉套衫以及运动鞋等。

都市休闲风格：这种风格将做工精良、轮廓分明、线条流畅、个性突出的时尚元素和休闲风格完美组合，拥有强调时代感的设计理念，适合都市人快节奏的生活。

浪漫休闲风格：这种风格以柔和圆顺的线条，变化丰富的浅淡色调，宽宽松松的超大形象，营造出一种浪漫的氛围和休闲的格调。

乡村休闲风格：这是一种讲究自然、自由、自在的风格，服装造型随意、穿着舒适，多采用手感粗犷的材料制作服装，如麻、棉、皮革等，是人们返璞归真、崇尚自然的真情流露（图3-15）。

运动休闲　　都市休闲　　浪漫休闲　　乡村休闲

图3-15

2. 前卫风格形象设计

抽象印花、锋利剪裁、尖锐廓型以及新型材料都可以营造出前卫的服饰风格。造型的重点在眼睛的描绘和发型的设计，夸张的眼线、清爽帅气的短发、张扬的烫发、夸张的假发是前卫风格造型必不可少的元素（图3-16）。

3. 摩登风格形象设计

摩登风格的流行要追溯到20世纪60年代，西方社会经历"二战"后对服饰文化带来了翻天覆地冲击。几何化外轮廓和裁剪、中性化服饰搭配、无彩色搭配金属色、直线型设计细节以及妆容上偏向休闲、复古等，这些特征伴随着服饰风格的流变在整体造型中延伸，为形象的塑造带来多元化的设计灵感和表达方式。摩登风格总体来说代表着现代的、新式的、时髦的、反常规的意思（图3-17）。

图3-16

图3-17

4. 古典风格形象设计

古典风格的服装重视形式的美好并关注传统的服饰造型，在形式法则上遵守合理、单纯、适度、明确、简洁和平衡的基本规律。造型以人体自然形态为基础，简单、朴素，结构对称。面料质朴，色彩单纯，图案简洁。效果典雅端庄，强调面料的质地和精良的剪裁，这种设计风格可以显示出一种古典的美（图3-18）。

图3-18

古典风格在造型上注重对传统元素的运用。20世纪60年代的复古妆容在近几年大行其道，与其他的甜美妆容不同，复古妆更具时尚意味，更能彰显女性的性感妩媚。T型台上的复古妆看起来夸张而繁复，其复古的造型、神秘的妆彩、酷酷的感觉，如果将其变得生活化，运用到日常生活中，效果将会非常醒目。

形象造型强调白皙透明的肌肤、浓密的睫毛效果，运用自然色眼影突出眼睛结构，同时采用饱和度颇高的红色唇膏或唇彩，如玫瑰红、大红、中国红，都可以搭配不同肤色营造出明艳高贵的古典效果。

5. 民族风格形象设计

民族风格是一个民族在长时期的发展中形成的形象特征，是由一个民族的社会结构、经济生活、自然环境、风俗习惯、艺术传统以及共同的心理状态和审美观点等多种因素构成的。民族风格又可以细分为东方风格、波希米亚风格、印度风格、吉卜赛风格等。

如图3-19所示，民族风格在服饰上可以巧妙地运用民俗图案，材质上应用蜡染、扎染、泼染等工艺，细节上可采用手工钉珠、皮流苏、褶皱等技法。同时，可将服饰单品按季节、材质、风格、长短、厚薄等不同类型的混搭，以营造一种丰富的视觉感受。化妆造型上以自然的效果为主，用接近肤色的粉底打造小麦色肤色，中性色的眼影、黑色或棕色的睫毛、自然的唇色以及蓬松自然的头发，这些看似没有修饰过的妆容是民族风格造型的特色。

图3-19

6. 朋克风格形象设计

朋克来源于PUNK音乐，是20世纪美国很流行的一种音乐风格，它带有比较颓废的色彩，通常和反政府、反社会、性、暴力等相关，是当时人们在经济不景气的社会条件下发泄情绪的一种方式。莫西干头就是它的代表之一，此外还有许多铁钉装饰，如手链、颈圈、眉钉、舌钉等。而今的PUNK代表一种形象设计风格，相比传统的朋克风格来说更健康、简约。

如图3-20所示，PUNK妆容的造型重点在烟熏效果的眼影、长长的睫毛以及黑色的眼线。需要苍白感的肤色，一般不需要使用腮红，不强调唇部色彩，只需一点滋润的唇彩感觉就可以。

图3-20

第三节　形象设计的着装准则与人体动态语言

一、形象着装遵循TPO原则

TPO原则是形象设计及服饰礼仪的最基本原则之一。其中的T、P、O分别是时间（Time）、地点（Place）、场合（Occasion）三个英文单词的首字母，它的含义是要求人们在选择服装或考虑其具体款式时，应力求使自己的着装及具体款式与着装的时间、地点、目的协调一致。

1.T——时间

"T"代表年龄、时期、季节、时代等空间概念。从时间上讲，一年有春、夏、秋、冬四季的交替，一天有24小时的变化，显而易见，在不同的时间里，着装的类别、式样、造型应因此而有所变化。比如冬天要穿保暖、御寒的冬装；夏天要穿透气、吸汗、凉爽的夏装；白天常处于工作环境中，衣服应当合身、严谨；晚上作为休息时段着装相对宽大、随意等（图3-21）。

图3-21

2. P——地点

"P"代表地点、职位、职业、位置等。从地点上讲，置身在室内或室外，驻足于闹市或乡村，停留在国内或国外，身处于工作场所或家中，在这些变化不同的地点，着装的方式理当有所不同。例如穿泳装出现在海滨、浴场是人们司空见惯的，但若穿着它去上班、逛街，则一定会令众人哗然。大部分国家的女孩子在夏天随时可以穿小背心、超短裙，但若以这身穿着出现在着装保守的阿拉伯国家，就显得有些不合礼仪了（图3-22）。

图3-22

3. O ——场合

"O" 代表所处的场合以及要达到的目的。人们的着装往往体现着其一定的意愿，即自己对着装留给他人的印象是有一定预期的，同时着装也应适应所扮演的社会角色。一个人身着庄重的服装前去应聘新职、洽谈生意，说明他态度认真，渴望成功。在这类场合，若选择款式暴露、性感的服装，则表示出对求职、生意的不尊重，是不恰当的着装方式（图3-23）。

T: 职场日常　　　T: 春夏秋日常　　　T: 半职场
P: 办公环境　　　P: 室内、户外　　　P: 外出走访
O: 工作办公　　　O: 出街休闲　　　O: 晚餐、拜访

图3-23

二、 社交场合的形体语言

除了声音与文字语言的沟通，人们也在借助形体语言进行有效地交流。了解这些形体语言的意义，可以帮助我们辨别什么是规范，什么是得体，什么是礼貌。形体语言也是形象设计领域的重要环节。

1. 眼神

在社交活动中，用眼睛看着对话者脸上的三角部分，这个三角以双眼为底线，上顶角到前额。洽谈业务时，如果你看着对方的这个部位，会显得很严肃认真，别人会感到你有诚意。如果用眼睛看着对方的另一个三角部位——以两眼为上线，嘴为下顶角，也就是双眼和嘴之间——当你看着对方这个部位时，会营造出一种社交气氛，这种凝视主要用于茶话会、舞会及各种类型的友谊聚会。

2. 微笑

微笑可以表现出温馨、亲切的感觉，能有效地缩短双方的距离，给对方留下美好的心理感受，从而形成融洽的交往氛围，同时反映出较高的修养。微笑有一种魅力，它可以使强硬者变得温柔，使困难的事变得容易。微笑是人际交往中的润滑剂，是广交朋友、化解矛盾的有效手段。

3. 握手

握手是一种常见的"见面礼"，貌似简单，却蕴涵着复杂的礼仪细节，承载着丰富的交际信息。比如与成功者握手，表示祝贺；与失败者握手，表示理解；与同盟者握手，表示期待；与对立者握手，表示和解；与悲伤者握手，表示慰问；与欢送者握手，表示告别等。

标准的握手姿势应该是平等式，即大方地伸出右手，稍微用力握住对方的手掌。请注意：这个方法男女是一样的，在中国很多人以为与女性握手，只能握她的手指，这都是错误的。在社交场合，行握手礼时应注意以下几点：

①上下级之间，上级伸手后，下级才能伸手相握。

②长辈与晚辈之间，长辈伸出手后，晚辈才能伸手相握。

③男女之间，女士伸出手后，男士才能伸手相握。

④人们应该站着握手，不然两个人都坐着。如果你坐着，有人走来和你握手，你必须站起来。

⑤握手的时间通常是3~5秒钟。匆匆握一下就松手，是在敷衍；长久地握着不放，又未免让人尴尬。

⑥别人伸手同你握手，而你不伸手，是一种不友好的行为。

⑦握手时应该伸出右手，绝不能伸出左手。

⑧握手时不可以把一只手放在口袋里。

三、美的体态

体态指人的身体姿态，体态往往有意识或无意识地传达出人们的某种思想感情，因此语言学家们把最基本的站姿、坐姿和行姿称之为体态（或态势语言、人体语言）。体态无时不存在于你的举手投足之间，优雅的体态是有教养、充满自信的完美表达。美好的体态，会使你看起来年轻的多，也会使你身上的衣服显得更漂亮。正确地运用形体语言与别人交流，必定会为自己的形象增色不少，否则会大打折扣。

1. 站姿

站，最能表现一个人的风度。正确的站姿应为收腹挺胸，双肩撑开并稍向后展，双手微微收拢、自然下垂，下颌微微收紧、目光平视，后腰收紧，骨盆上提，腿部肌肉绷紧、膝盖内侧夹紧，使脊柱保持正常生理曲线。从侧面看，耳、肩、髋、膝与踝应处于一条垂线，有一种在微微绷紧中轻松自如的感觉。

2. 坐姿

正确的坐姿是：臀部充分接触椅面，双肩后展，脊柱正直，两足着地。写字时头部略微前倾，两肩之间的连线与桌缘平行，前胸不受压迫，使头、颈、肩、胸保持微微绷紧的正常生理曲线。正确的坐姿可以给人端庄、稳重的印象，使人产生信任感。同时也可以给交谈带来方便。其实，坐姿本身就是身体语言，可以向对方传递特定的信息，因此，也应作为一种交谈手段加以注意。

3. 行姿

正确的行姿是：抬头，挺胸，收腹，肩膀往后垂，手要轻轻地放在两边，轻轻地摆动，步伐也要轻轻的，不可拖泥带水。正确的行姿，双脚尽量走在一条直线上，走时脚跟先着地、脚掌后着地，并且胯部随之产生一种韵律般的轻微扭动，双手微微向身后甩，如行云流水，风度翩翩。

走路属于一种动态美，凡是协调稳健、轻松敏捷的步态都会给人以美感。如果走路时身体有前俯、后仰或左右摇晃的习惯，或者两个脚尖同时向里或外侧呈八字形走路，都是不正确的，应尽量改正。

第四节　造　型

一、身体线条的判断

1. 人体轮廓

轮廓是立体的空间框架结构中重要的美学要素，对服饰整体造型影响最深的就是服装轮廓和人体轮廓。

人体正面轮廓线是两侧面以脊柱为中心轴线所形成的对称双曲线。人体的侧面轮廓线是人体前后不一致的双曲线，女性尤其明显，呈大"S"形，即胸部向前突起，臀部向后翘，腰部将这两个突起自然承接，这就是女性特有的"曲线美"，也是人体线条美的精华所在。这一曲线的特征是柔和而流畅的，充分展示了曲线应有的魅力。

由于人的生理因素和心理因素，使线条本身具有性格特征及审美价值。如直线给人以挺拔壮美之感，曲线则让人有柔和优雅之觉。由于性别的不同，线条特征也不一样。男性人体的线条是一种开放式的，具有爆发力的长方形线条。从形式美讲，线是由面的交界所形成的。人体的线条是观察人体时人为设定的线。这些曲线以转折圆滑、流畅、柔和、秀媚、多变为主要特征，给人以优美平和的感觉，同时还表现出一种弹性的质感美，即所谓的"阴柔之美"。女性形体的曲线是世界上最复杂、最精美、最和谐的线条组合，人体的轮廓线是以多样变化的曲线为主，掺以刚柔相济的直线而形成，人的这种线条具有重要的审美价值。

米洛斯的断臂维纳斯是女性曲线美的杰出代表，完美的比例、丰富的曲线、细腻的质感都成为爱与美的象征。米开朗基罗的大卫则是男性美的代言（图3-24）。

曲　　　　　　　　　　　　　　　　　　　　　　直

图3-24

2. 身体曲直

按照人的骨骼、气质、面貌，人体造型基本分为直线性和曲线性两大类型。

自然界里不存在绝对的曲直，人体的曲与直是相对的，要判断曲直主要是根据物体给我们带来的感受是柔和还是硬朗来决定的。身体线条整体倾向于直线感的称为直线型身材，通常直线比较硬朗、中性、直接。直线型体型的肩部线条比较平直，如"平肩"。肩部过宽或过厚也会带来"直"的感受，体型整体的骨骼线条也偏直。身体线条整体倾向于曲线感的称为曲线型身材，通常曲线型比较柔和、女性、温婉。曲线型体型的肩部线条则比较柔和，呈下滑线趋势，如"削肩"，肩膀过窄或过薄也会带出轻盈、柔弱，即"曲"的印象。体型整体的骨骼线条也偏曲。

需要注意的是，体型的曲直不会随着年龄和变胖或变瘦而改变，也不会因为人比较胖而判断为曲线型、人较瘦而被判断为直线型。曲直的划分要以人体骨骼为主来判断。

3. 脸部曲直

脸部的轮廓是指脸的骨骼形状及五官线条的走势。直线型的脸其骨骼比较突出，五官立体，给人中性硬朗的感觉；曲线型的脸，其骨骼比较柔和，五官细腻而圆润，给人温柔的感觉；难以区分的为中间型（图3-25）。

应该注意的是，在判断一个人的面部轮廓倾向于直线感还是曲线感时，应该综合骨骼

曲线型　　　　　　　　　　　中间型　　　　　　　　　　　直线型

图3-25

的形状和五官线条共同作用下的整体感受，而并不是凭借某个器官的形状和身材的胖瘦来决定和判断。

目前，国内形象设计机构运用《曲直款式领型诊断专用工具》来作为个人着装风格的诊断，依据直曲的不同视觉心理感受进行确切划分，协助色彩顾问准确找出所属的风格类型（图3-26）。

图3-26

整体来说，偏直线感的人，穿衣服时要注意，越靠近脸部周围的线条要偏直线，以简洁为主；而偏曲线感的人，在穿衣服时，越靠近脸部周围的线条要偏曲线，以柔美为主。这样服装的线条与脸部的线条相吻合，才能产生视觉上的和谐之美感。

二、服装轮廓的曲直

在服装款式中，通常可以根据服装的廓型和分割线来区分不同的款式风格。根据服装的外部剪影，可以概括以"I、H、P、A、Y、S、O"等英文字母表示的廓型，其中H和I为直线型；S和O为曲线型；A、Y和P是斜线型。

1.人体比例

比例（Balance）是均衡的一种定量概念，也是和数相关的规律。在人们公认美的事物中，例如埃及金字塔、巴黎高级服装、达·芬奇的《蒙娜丽莎》、贝多芬的交响乐、米开朗基罗的雕刻等，都恰如其分地运用了黄金分割比例的协调性，使人们产生美感共鸣。

身体比例是指构成人体的头、躯体、上下肢之间的比例配置（图3-27）。

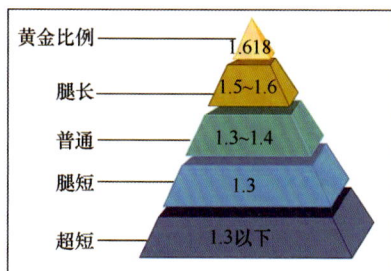

身体比值=下身长度÷上身长度　　　　头身=身高÷头长

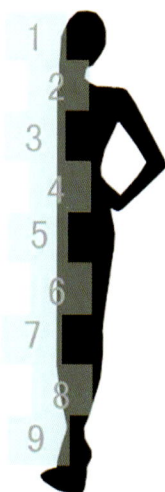

图3-27

黄金分割律最初是由希腊人毕达哥拉斯发现，其比例规律是21：34，这与埃及人遵从的比例1：0.618不谋而合。

一般来说，当某一物体的比例接近黄金分割比例时是最具有美感的，它给人的感觉是流畅、舒缓、均衡、平和的；反之，过于夸张的比例则会带来矛盾、冲突、夸张、怪异的感受。人的面部结构符合"三庭五眼"称为五官端正，现代学者定义人体身形等于"八个头长"即为最标准的身材，就因其符合黄金分割律。

在服饰形象设计中，处处运用比例原则来体现美感效应，比如服装面料运用的比例、服饰色彩运用的比例、化妆造型中的比例，0.618作为一个人体健美的标准尺度之一，成为服饰形象设计中的经典审美规律。

黄金分割律运用于发型设计时，会使发型产生变化统一、和谐的美感。专业美发师在发型设计中处理发型与脸型比例关系时，黄金分割律是其常用的艺术技巧和方法之一。但需注意的是，发型款式具有多变性、可创造性、随意性，因此对黄金分割律的运用不可绝对化。在艺术创造中，许多不合比例的结构却能显示一种另类、叛逆的美感，发型设计也是如此。

发型设计需结合设计对象头部骨骼形态、脸型、身材、气质等，突出顾客的个性美感，影响发型设计的因素还有分区、发长的设定。

在发型设计概念中，分区的比例，如三大连接区（即顶发区、左侧发区、右侧发区），对于美感过渡是一项重要的环节，此外应运用黄金分割律，使发型师在创作发型时的空间视野更加开阔，更易准确的捕捉生活中的灵性。

发长的设定，会直接影响到视觉效果。需考虑发片三度空间变化对于头形骨骼凸凹面及毛流的控制。在短发设计中，注重对头形骨骼的调整，这就需要设定出内、外轮廓落差比例。比如短发后头顶部位通常要体现出立体饱满度，从侧面看呈现优美的弧度。当颈背线发长设定好以后，需在裁剪时掌握纵向圆周层次落差及横向圆周发根宽重量移动。

美感饱满度控制在纵向1：0.618，横向美感转折控制在耳后连接区处，此美感是最具立体感与动感的。同样我们也可以用发根宽的移动来调整头骨自身素材。当遇到头形横向较宽大者，发根宽后移，有收缩视觉的效果差。位置及重量转折掌控在黄金分割比例1：0.618以下或以上，美感上看起来就会有些许缺憾。

在设计中长发时，以对脸型五官的修饰为主，不同区域发长落点使脸型趋向标准美感。长度设定需多参照五官，内轮廓发长对修饰脸型颧骨、下颚骨、颈部等起到重要的作用。

长发讲究外轮廓美感，发长应与身材协调，应用黄金分割比例设计，会使发型创作美感更易于把握。通常身材矮小者，易留短发或中长发，显得身材高挑挺拔；身材高大者，留中长发或长发，这样能对身材比例起到扬长避短的作用。

发型偏分设计在发型设计中起着画龙点睛的作用，赋予发型生命力与时尚感，尤其能够改善不同的脸型轮廓使脸型更趋于完美。

根据自己的脸型，利用最佳"黄金分割线"设计分发比例，不仅修饰脸型还会提升气质。

2. 体型的归纳

美国美学家威廉认为："美蕴藏于S曲线内。"而女性人体美、性感美则都与面部轮廓、脊柱及四肢、胸部的S曲线密切相关。

从性别上讲，女性的身体线条轮廓趋向曲线，男性的身体线条轮廓趋向直线。但就女性身体线条轮廓而言，为什么有的女性给人的感觉是硬朗帅气的，有的女性是温婉柔美的？为什么同样一件衣服穿在不同的女性身上会有截然相反的效果？这是因为女性身体轮廓线由面部轮廓线和身体轮廓线构成，由于轮廓线所呈现的感受不同，因此个人风格的界定也有曲直之分。如果用字母代替体型大致可分为7大类：A形、S形、H形、I形、P形、O形、Y形。可以看出，A型、P型和Y型是斜线型；S型、O型是曲线型；H型、I型是直线型。但曲直只是一种相对的概念，不是绝对的，也有介于"曲直"两者之间的"中间型"（图3-28）。

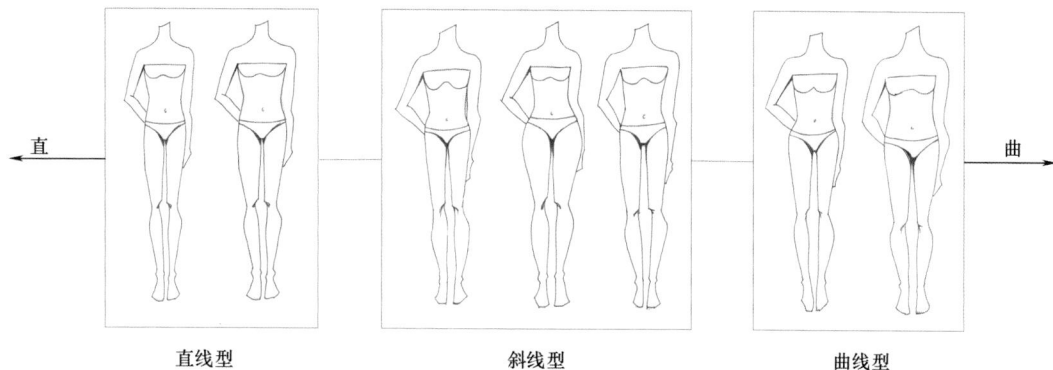

| 直线型 | 斜线型 | 曲线型 |

图3-28

3.服装廓型的延展

服装廓型是服装的逆光剪影效果，指全套服装外部造型的大致轮廓。它是服装款式造型的第一视觉要素，在服装款式设计中，它是首先要考虑的因素，其次才是分割线、领型、袖型、口袋型等内部的部件造型。轮廓是服装流行发展中的一个重要因素（图3-29）。

20世纪西方廓型演变趋势

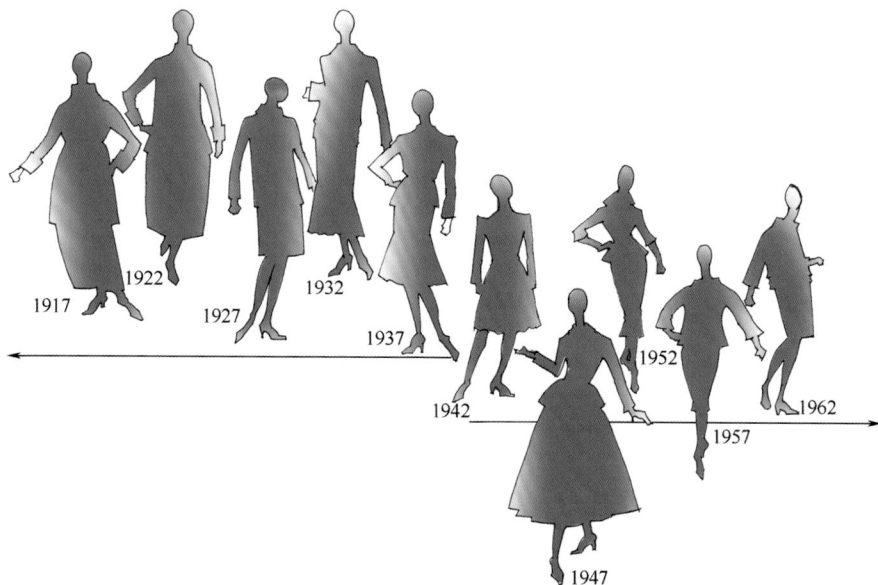

图3-29

服装廓型通常通过改变人体肩颈、胸部、腰部、臀部的起伏处来实现，廓型变化的基本点有肩、腰、底摆和围度这四个要素的形状和尺度。不同服装廓型的基本特征如图3-30所示。

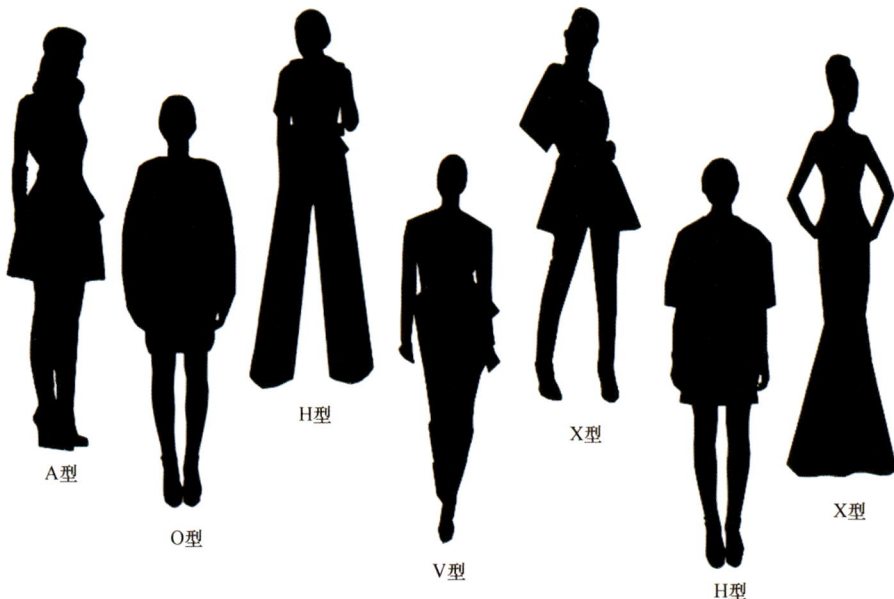

图3-30

A型

A型的主要特征：以上小下大为特征，服装在肩部、臂部、胸部较为合体，再往下则逐渐张开，呈梯形。

A型是20世纪60年代的代表性服装造型，体现出年轻而可爱的服装面貌。由于把外轮廓线由直线变成斜线，从而增加了长度，达到了高度上的夸张。

H型

H型的主要特征：服装从肩部到下摆的宽度几乎相同，整体呈直线造型，给人以中性、干练的感觉。

H型适合腰粗者，能很好地掩饰腰部赘肉。

T型

T型的主要特征：服装肩部的尺寸明显大于人体肩部正常尺寸，设计和装饰重点放在肩部。方法是在肩部加垫肩或做堆积处理，同时在服装下摆处收紧，体现女性服装男性化的特征。

T型服装廓型流行于强调女权的20世纪80年代（女权主义思潮兴起）和"二战"时期（由于战争的影响，女性也要走出家门从事一些男性的工作）。

X型

X型的主要特征：服装肩部及下摆的尺寸大，向外扩张，而腰部则尽量贴合人体，这是对女性体型的夸张表现。有强硬感，也体现了女性的柔美。

X型在欧洲流行百年，是古典的服装造型。

O型

O型的主要特征：服装整体呈卵形，肩部和下摆收紧，胸部及腰部的形状则较为宽松。

流行于20世纪五六十年代的西方，90年代初在日本也非常流行。

4.体型与廓型的关联

廓型是服装造型的根本，它进入人们视觉的速度和强度高于服装的局部细节，仅次于色彩。因此，从某种意义上来说，色彩和廓型决定了一件服装带给人的总体印象。

服装的廓型每一季都会有所变化，但一般来说，变化非常细微，因此，想要穿出品位与时尚感，抓住每一季的廓型特点也很重要。

服饰被称为人的"第二皮肤"，是流动着的"软雕塑"，是人的气质、个性、情调、风格的亮相，它是人对自身外在美的一种设计，服装轮廓在修饰人体轮廓和强调个性风格方面起着举足轻重的作用（图3-31）。

图3-31

本章小结

形象设计中最为重要的就是个人风格的塑造，本章节以风格为切入点，从构成风格的表现特征、风格分类、场合着装和造型要素进行分析，通过对服饰风格的讲解、廓型的认知，掌握服装风格、体型、服装廓型之间的关联性；并以此为依据了解风格的分类和场合着装的重点，从而提升设计师综合判断和塑造个人风格的能力。

思考题

1. 阐述风格的溯源，并分析服饰风格的表现特征。

2. 个人风格形成和判断的依据是什么？

3. 通过案例说明服装风格、体型、服装廓形之间的关联性。

4. 小组讨论，并示范案例练习：不同服装风格的表现。

第四章 服饰配搭与着装技巧

第一节 女性风格

　　依据人体固有的体型和五官"曲直"特征，以及由性格、气质营造出来的整体形象，可以将女性形象大致分为八种风格，分别是：偏曲线型的少女型、优雅型和浪漫性三种；偏直线型的戏剧型、自然型、古典型、时尚型和帅气型五种。这两大类八大型以"曲、直"的感受为判断基础，而曲直却是相对的概念，因此也会有介于两者之间的中间型（图4-1）。

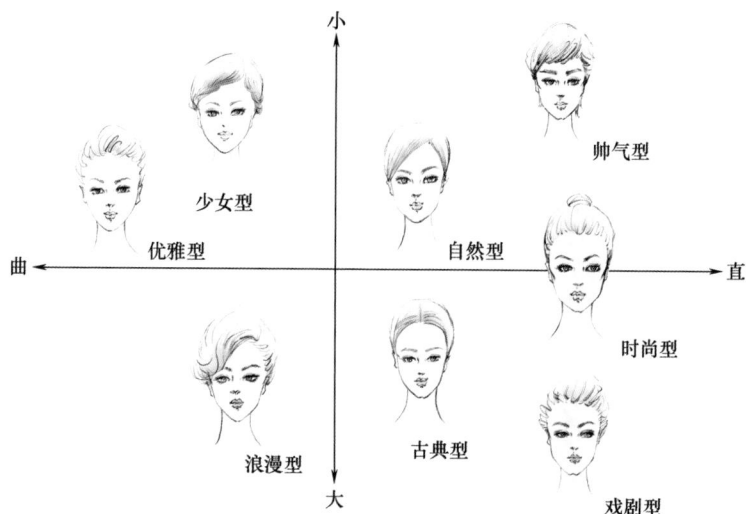

图4-1

一、偏曲线型的三大风格

　　一般身材曲线突出，面部轮廓圆润，眼睛较大，眉毛弯弯的属于曲线型。此类型适合穿带花边、泡泡袖、花朵图案的服装，衣服边缘、领子一般为曲线，适合花色绚丽或有褶皱、曲线感强的裙装，发式适合卷发。曲线型又可分为以下三大类，即前卫少女型、优雅型和浪漫型。

1.少女型

少女型的形象特征表现为脸庞偏小、外轮廓较圆润、长相甜美、眼神灵动，性格开朗好动，思维活泼跳跃，看上去比实际年龄小，略带孩子气。适合穿着色彩轻快明丽的服装，首饰可选卡通款、花草款等造型（图4-2）。

图4-2

关键形容词：量感小、曲线型、小巧、有女人味，有些呈娃娃脸型；性格可爱、温柔、讨人喜欢。

着装风格：曲线裁剪的小圆领套装最适合少女型穿着，连衣裙、背带裤、背心裙、喇叭裙、短上衣、小碎花棉布做成的衬衣都能够烘托出少女型的俏皮可爱形象。

色彩图案：色调柔和，明度浅淡，纯度中性，色彩群温馨、甜美。

配饰细节：可爱、小巧的蝴蝶结或花朵类，清透水晶珠项链和卡通小动物耳环；圆头、带有可爱元素装饰的皮鞋，中跟浅口鞋，蝴蝶结装饰和皮包，波点图案或小碎花圆帽。

化妆发型：用色柔和、强调睫毛和嘴唇是少女型化妆的重点；适合的发型有直发、卷发、辫发、马尾发。

　　尽量避免选择过于成熟的图案及款式。少女型往往会因为自己显得不成熟，给人办事不稳的感觉，而做成熟打扮是不合适的，因为成熟不等于老气，年轻不等于幼稚，不仅仅是少女型，对于所有人来说这一点都很重要。

　　代表人物：中国明星如蔡依林、沈殿霞，韩国明星如张娜拉、金泰熙，西方明星如秀兰·邓波尔等（图4-3）。

图4-3

2. 优雅型

　　优雅型通常面部轮廓柔美、圆滑，五官精致小巧，脸部量感较轻，身材呈圆润、曲线型，走起路来很优雅。也可以这样理解，优雅型是大一号的少女型（图4-4）。

图4-4

　　关键形容词：优雅、精致、女人味、身材纤细、小家碧玉、成熟、曲线。

　　着装风格：突出优雅型女性柔美的特征款式是曲线剪裁，外套领型如青果领、花瓣领、蝴蝶结领、小圆领等都很合适；穿套装时，用丝巾来化解正装带来的强硬感，最适合穿柔软带素花的连衣裙、成熟优雅的曲线型套装或裙装。

　　色彩图案：选择轻柔淡雅、柔和、具女性化的颜色，如象牙白、米灰、淡黄、淡蓝、淡紫、淡绿等，或是比较成熟的橄榄绿、褐酒红、紫灰色。带有曲线感的图案如水墨花朵、佩斯利花纹（腰果形花纹）等也都很适合。避免选择条纹格子图案、排列均匀的波点图案，花朵图案可选择单个图案元素的面积小于6厘米，且排列有序的图形。

　　配饰细节：金银、珍珠等饰物做适当点缀就可以，不可使饰品喧宾夺主，拒绝粗狂、男性化的配饰。柔软的皮质、秀气而女人味十足的造型，是优雅型女士选择鞋子的标准。

　　化妆发型：妆面一定要干净、整洁，回避艳而俗的色调，强调睫毛。中长或披肩的卷发发型最能突出优雅型的女性特征。

　　要注意从各方面表现和发挥温柔的女性魅力，尽量避免极端的、个性化的装扮，如街头感十足的七分裤、牛仔裤、棒球帽、绑带鞋、夸张的尖头鞋等会削弱优雅型的气质。

　　代表人物：中国明星如赵雅芝，韩国明星如李英爱，西方明星如奥黛丽·赫本等（图4-5）。

图4-5

3. 浪漫型

　　浪漫型风格又称为华丽型、性感型风格。标准浪漫型总体给人的印象是性格夸张大气、风情华丽、高贵富有。浪漫型通常面部轮廓圆润，五官曲线感强，女人味十足，眼神迷人妩媚。身材曲线丰满、圆润，性感浪漫（图4-6）。

　　关键形容词：大家闺秀、华丽、性感、夸张、迷人、成熟、妩媚、曲线。

　　着装风格：适合以华美、夸张的曲线裁剪为主的服装，裙装更能展现女性妩媚的气质。整体造型上适合曲线形裁剪，领部宽大而领位较低，袖子方面适合喇叭袖、泡泡袖

图4-6

等，裙子适合鱼尾裙、大摆裙等，裤装适合喇叭裤及裙裤。装饰细节适合10厘米以上尺寸的蝴蝶结、大花朵等。身材体重正常的情况下，风衣、大衣一般选择带有收腰设计的款式，但身材臃肿者可以利用直线裁剪来改善。

　　色彩图案：在冷暖季型中选择色彩最亮、饱和度最高的色彩群。选择曲线花朵、女性味浓的花卉图案、梦幻般的流线型图案、水点图案、性感动物图案或者富有凹凸感的图案也适合。随意排列的团花类、动物类量感适中的都适合。

　　配饰细节：适合选择以大花朵为元素，曲线感、圆形造型饰品。材质可以选择钻石、天然宝石、黄金，也可以选择合成材料，造型可夸张、有光泽，不适合木制品的配饰。宜选择表盘为圆形的名贵优质、镶满钻石带金属链式表带的腕表。眼镜框宜选择较宽镜框，太阳镜要以深色为主。包袋的选择方面一定要选带有曲线、圆润且质地柔软的包。

　　化妆发型：浪漫型风格适合柔和的妆面，比如有弧度的眉形、弯翘的睫毛、嘴角，眼睑尽量向上画；发型上首选大波浪，根据身高和脸型设计发型的长度，但一定是柔软而蓬松的发型，强调造型感，以此来更好地烘托女人味十足的五官，避免个性短发或太直的长发。

服饰忌用直线型的、可爱的、中庸的、过于硬朗的、锋利的、太随意的类型。色彩上慎用灰暗或太轻淡的颜色。

代表人物：中国明星如范冰冰、陈好；西方明星如玛丽莲·梦露（图4-7）。

图4-7

二、偏直线型的五大风格

一般身材较瘦，面部轮廓明显，鼻子挺直，眉毛走向较直的属于直线型。直线型又分为以下五大类：戏剧型、自然型、古典型、时尚型和帅气型。

1. 戏剧型

戏剧型特征：戏剧型风格又称为夸张型、艺术型风格。标准戏剧型给人的印象总体是夸张大气，面部轮廓线条分明、五官夸张而立体，量感十足，身材骨感、高大，看起来比实际身高略高，在人群当中很引人注目，存在感很强，有令人"过目不忘"的感受（图4-8）。

关键形容词：夸张大气、醒目时髦、成熟个性、存在感强、直线骨感。

着装风格：特别适合夸张、与众不同的风格，曲线、直线裁剪都适合，中性风格的装扮则能表现出帅气摩登的气场。避免平庸的、不成熟的、可爱的服饰风格。

色彩图案：较饱和、可以产生对比效果的色彩较为适合，配合几何型、大花朵、动物斑纹等抽象、夸张、华丽的图案。

配饰细节：适合通过配饰细节做充满个性的修饰点缀。宜选择时髦而夸张的饰品，如

图4-8

大耳环、多层项链等，可选用如宝石、闪光金属类材质。鞋靴选择范围较大，尖头鞋、细高跟鞋、平底鞋、男性化的方头鞋、长短靴都适合。

化妆发型：妆面设计上要突出个性，眉毛要有一定的角度、留出眉峰；适当夸张眼线或眼影；强调眼睛与嘴唇的美感，用色可以略浓重夸张。眼妆或唇妆一定要突出一个部位的刻画。

服饰忌用不成熟的、可爱、柔弱的服饰风格，永远以"突出个性"为准绳。

代表人物：中国明星如宁静、蔡琴；西方明星如麦当娜、安吉丽娜·朱莉等（图4-9）。

2.自然型

自然型特征：自然型风格又称为运动型、随意型风格。自然型通常面部轮廓和身材都呈现直线感，神态轻松、随意、不造作，走起路来很潇洒。标准自然型给人的总体印象是自然随和、亲切大方（图4-10）。

关键形容词：潇洒、随意、亲切、朴实大方、成熟知性、宽松型。

着装风格：款式上力求简洁大方，秉承"少即是多"的原则；面料上，夏天以棉麻为主，冬天以粗花呢、棒针毛衫为主，结构上以宽松、半宽松型为主。

用色原则：颜色选择上应尝试使用纯度、明度较低的颜色，尤其注意自然色系的搭配应用。

图4-9

图4-10

配饰细节：饰物如象牙、木质、贝壳、天然石等材质，可搭配平底帆布鞋，具有民族风格的饰品较适合，金银饰品要少用。

化妆发型：妆容上以"裸妆"型淡妆为主，力求妆容自然清新。发型或是如瀑布般的长发，随意而不失清新，或是简单的"马尾"，清新大方，或是充满朝气而不失成熟知性的短发。

代表人物：中国明星比如徐静蕾、倪萍、刘若英；西方明星如苏菲·玛索（图4-11）。

图4-11

3. 古典型

古典型特征：古典型风格又称为传统型、保守型风格。标准古典型女士总体给人的整体印象是端庄、高贵、严谨、传统，通常面部轮廓线条偏直线感，五官端庄、精致，有一种都市女性成熟而高雅的味道。身材适中且笔挺，以直线型为主，很少有丰满感（图4-12）。

关键形容词：端庄、正统、精致、高贵、成熟、直线。

着装风格：最佳着装突现高贵、都市、品位，裁剪精良，以贴体、半贴体型结构为主；配上西裤、一步裙、A裙等更能凸显庄重感，衣领选择上宜选择V领、方领，尽量避免圆领、青果领、荷叶边等元素。切忌夸张或流行、可爱风格的着装。

用色原则：以冷色调色彩为主，根据自己肤色的具体情况再作细分，切忌艳丽、浮夸

图4-12

的暖色调。

适合图案：图案上以排列整齐有序的小格子、小几何形、小碎花等连续排列的图案为宜。强调边缘清晰感，比如方格、条纹、水点纹等。

配饰细节：古典型一定要佩戴精致、精美的名贵饰品，把握"少而精、适中、造型直曲均可"的原则，以珍珠、钻石、宝石类为主，避免仿真或民族风格的饰品。选择鞋头为小方头、小圆头的中跟鞋，休闲场合可选用坡跟鞋，鞋面要尽量少装饰。选择做工精致、轮廓感强且设计简洁大方的皮革材质的中型包。丝巾、胸针的成功选择可以为整体造型画龙点睛。

化妆发型：妆面要精致淡雅，强调眉型、睫毛、眼线和唇部的化妆。唇膏的选择以唇彩最佳。发型整齐，精致打理，一丝不苟，如干练的短发、中发、盘发为佳。

代表人物：中国代表性人物如杨澜；西方代表性人物如戴安娜王妃（图4-13）。

4.时尚型

时尚型特征：时尚型总体给人的印象是五官精致个性，身材玲珑骨感。时尚型通常面部轮廓线条清晰、明朗、五官偏小、个性十足、性格活泼、外向（图4-14）。

关键形容词：个性、时尚、标新立异、古灵精怪、年轻。

图4-13

图4-14

着装风格：服装廓形上或宽松肥大，个性十足；或贴体，线条感很强。混搭、撞色、镂空、做旧等元素常常出现在时尚型人士的着装上，而且尤其钟爱通过不对称裁剪缝制的服装。

用色原则：尝试使用中纯度、彩度较高的颜色，尽量避免选用明度过高的颜色，色彩一定要有冲击力，与人物内在气质相吻合。

图案选择：无论是几何纹、动物纹还是花卉都可以选择较夸张或抽象的图案。

面料：在面料质地上要求不高，但是要尽量选择当季流行的面料，尽显穿着者的时尚感特质。

配饰细节：饰品造型怪异，以几何形及抽象的偏多，如粗项链、锁骨链、多层次手镯、多枚戒指混戴、多个耳环同时佩戴的异国风情装扮。鞋靴的选择以尖头鞋、细高跟鞋、无跟皮拖鞋、厚底鞋为主，职场上适合搭配尖头高跟鞋或偏中性的皮鞋。可选择瓜皮帽、牛仔帽、棒球帽、包头巾等帽饰。

化妆发型：根据脸型来定，各种发型都适合，忌死板。

避免：切忌过于华丽的造型，同时避免中庸的、不成熟的、可爱甜美的造型。

代表人物：中国明星如萧亚轩、郑秀文、莫文蔚；西方明星如艾薇儿（图4-15）。

图4-15

5. 帅气型

帅气型风格又称前卫少年型、干练型风格。帅气型人通常面部轮廓分明，五官直线感强、有力度且英气十足；给人的总体印象是利落干练的中性味道，性格直爽外向，活泼好动；身材直线感强，走起路来步履潇洒（图4-16）。

图4-16

关键形容词：帅气、干练、利落、中性、年轻、直线。

着装风格：休闲装以偏中性的衬衣、T恤为佳。在职业装选择上，以裁剪精良的合体套装为宜，上衣宜选择短款，斜纹肌理，立领的扣式，小戗驳领的西装，尽显着装者的干练与帅气。

用色原则：选择适合自己的色彩群中较明快、有韵律感的色彩。

配饰细节：别致的几何型耳环，带有现代气息、中性化造型的时尚项链、颈链、手镯。立领多扣的裙套装配中性中跟的方口皮鞋，配以单带长挎包。

化妆发型：化妆不要过分用色，眼影与眼线稍做强调就可以了。超短发、直发最佳，尽显帅气、干练。

避免设计繁琐、过于女人味的、华丽的、结构松散的服饰。

代表人物：中国明星如袁咏仪、梁咏琪、李宇春；西方明星如哈莉·贝瑞（图4-17）。

图4-17

需要注意的是，端庄、典雅、成熟、可爱、年轻、时尚等风格的营造必须是以美与和谐为基础，不能想当然地去改变。比如曲线型的肩膀通常又溜又窄，所以很多人就想通过又宽又平的垫肩去改变，如果没有选择好适合的垫肩，结果整个人像被架起来一样，端着肩膀，脖子像是缩进衣领里，前胸后背会显得特别厚壮，反而没有美感。怎么弥补窄溜肩呢？很简单，还是要顺应原来圆润的线条，可以选用圆垫肩，同时又稍稍加宽了肩膀。所以，形象设计要遵循"曲配曲、直配直"的基本原则才会使整体和谐。

第二节　取长补短的着装技巧

在服装搭配中，处处都有长与短的对比，如款式的长与短、体型上下身的长与短、配饰与人体比例的长与短等；处处也体现着宽与窄，如脸型与领口的宽与窄、服装轮廓的宽与窄、服饰单品之间的宽与窄等；处处也体现着大与小，服装单品之间量感的大与小、服装整体风格的大与小等，这些都属于服装设计法则的范畴，也属于错视手法的运用。

一、长与短

长与短是在形象设计中经常出现的评判标准，如衣服款式的长与短、头发的长与短、面部比例的长与短等。而女性购买上衣时喜欢偏向于较长的遮盖住臀部的上衣，是因为中长款上衣能够在视觉上拉长着装者的腰部线条，使其上身显得更加苗条；但如果腰部比例本身就有些偏长，那就会适得其反，在形象设计中不能简单地生搬硬套。

　　我们总是按照自己心目中理想的完美形象去打扮自己，而实际中的我们肯定与理想化的形象有一点出入，比如肤色太黑、体型偏胖、精神风貌不佳等。而适合的服饰装扮却能改变或者削弱我们的这些不足，使我们达到或者接近我们心中的完美形象，给人以自信感。比如短裙能够在视觉上拉长腿部线条，所以短裙特别适合身材娇小的人穿着。而长裙则适合高个子和腿部线条不太理想的人，比如A型身材的人或者X型腿的人。"长与短"在搭配上通常有以下几种方式：

1. 上长下短

　　上长下短的款式搭配优势在于：能够在视觉上形成错觉，使人看起很高挑。根据人的视觉规律，我们往往把视觉注意力集中在人的上半身，视觉中心越高就越能够制造高挑、修长的效果。通过服装单品长短之间的协调可以改善人体上下身比例，使之趋于完美。

　　例如长西装或者大号的外套搭配短裤或短裙都会打造出中性而摩登的都市风格。这种搭配方式不仅可以优化人体比例，而且几乎适合各种场合，如运动休闲、商务职场、晚宴聚会，但需要注重服装材料与色彩之间的对比与和谐（图4-18）。

图4-18

2. 上短下长

　　上短下长是20世纪80年代非常流行的搭配方式，上短下长指的是服装款式选择上的长短搭配。这种搭配方式除了上身特别短或者特别胖的人要慎用，正常身材都有不错的搭配效果。比如紧身T恤搭配宽大牛仔裤或者百褶裙在当今时尚界卷土重来，迎合了复古风潮。这种搭配还有一个优势就是人比实际身高看起来要高，显得时尚动感，有活力。上短下长搭配方式的优势：

（1）突出下身的修长，起到视觉上拉长腿部线条的效果，特别是对身材上长下短的人来说，这样的搭配能够起到一定的修正作用，通过错视改善视觉比例。但需要注意的是，内搭与裤、裙的色彩要一致或类似，这样才不会突出上下身的分界线，浑然一体的色调有校正身材比例的效果。

（2）短小的上装能够突出胸部，特别是对自己胸部不满意的女性，可以尝试着选择短小的上装来突出胸部，上装最好最长不要超过肚脐；相反，胸部过于丰满的人就不太适合穿短装，如果要搭配短装，一定要外套和内搭是同一色系（图4-19）。

图4-19

3. 上下等长

上下等长的搭配是指服装款式上下身之间的面积几乎是1：1，这也是最不符合黄金分割率的一种搭配方式。但搭配合理会有一种自然文艺气质，在服装搭配方式中是较难掌握的一种。

一般来说，着装时要尽量避免上下身服饰之间的比例为1：1的关系，因为这种搭配会造成色彩均衡，长度均等，服装亮点难以突出，人体优势也被淹没了。此时需要通过配饰来画龙点睛，例如加一条和服装整体风格一致的腰带或方巾。通过配饰的加入，打破原有的上下身色彩面积，使色彩有效地分割或衔接，需要注意配饰和色彩之间的均衡和呼应。当下多元文化的融合带来服装风格的泛化，一种宽松自由的着装形式也为年青人所喜爱；还有一种结合东方传统审美"宽衣文化"的着装风格也体现在上下等长的搭配中，需在材质肌理中寻求细腻而和谐的变化来增加服饰的整体美感（图4-20）。

图4-20

二、宽与窄

服装史上具有代表性的服装廓型的演变都是围绕肩宽、胸围、腰围、臀围的变化展开，各个部位的"宽与窄"形成不同的廓型，从而影响了流行的变迁。

男士在挑选购买西服时需要注意垫肩的效果。因为正确的垫肩能够修正男士的肩部线条，从而塑造出上宽下窄三角形的男士身材；而女性则可以利用胸围与胯部的设计制造出"细腰"的效果。"宽与窄"不仅是长度问题，更涉及围度，常用的构成方式有以下几种：

1. 上宽下窄

上宽下窄的搭配方式几乎适应所有的体型，因此被广泛运用，比如对于胸部不理想的女性，选择短小、较宽松的上装能够在视觉上优化上身不足；而上身过于丰满的女性则会显得有头重脚轻之感，因此可以在宽大的外套外面系一个纤细的撞色腰带进行腰部的修饰；同时这种搭配方式可以利用丝巾、毛衣链在宽大的外套外面进行纵向的点缀，将视觉上移，提升形象的注目度。

　　以"泡泡袖"为例，这种造型能让肩部变宽，从而肩宽腰窄，让穿着者的身材看起来有点宽，由于增加了肩部的宽度，使腰部显得纤细，错视的效果带来轻松和谐的感觉，欧洲宫廷式的洛可可风格，尽显女性柔美姿态（图4-21）。

图4-21

2. 上窄下宽

　　如果上身选择短小窄紧的款式，下身选择宽大修长的款式，视觉上会让人显得高挑。

　　这种形式的服装首先"梨形"身材要尽量避免，因为这种搭配会使得下半身更加夸张，而与上身的对比更加明显，无法达到调和上下身的和谐效果。

　　Y型身材和P型身材的特点是肩部比较宽厚，胸围比较大，而下半身相对比较瘦（上宽下窄的体型），选择这种着装方式会起到互补均衡的效果。

　　H型身材的女性体型属于直线条，缺乏曲线感，运用上窄下宽的搭配方案会呈现斜线外轮廓，这种逆向性搭配会产生女性独有的飘逸感（图4-22）。

3. 上下同宽

　　上下同宽指上下身服装款式造型都是宽松风格的，设计上忽略肩线、胸围、腰围的设计，对身材没有过多的限制，很多人喜欢将这些宽松的单品进行组合，这是一种偏自然风格的服饰形象。这种搭配需特别谨慎，虽然随意舒适，但如果不注意细节的完善，就会显得过于慵懒邋遢。可从面料颜色、材质、配饰等方面进行对比调和（图4-23）。

图4-22

图4-23

三、大与小

大与小的对比因素有很多，如色彩面积的大与小、脸型的大与小、配饰的大与小、单款之间的大与小。人们通常会很容易注意到这些因素，但风格上量感的大与小常常容易被人忽略，如嘻哈风格相对于淑女风格，嘻哈风格量感较大，淑女风格量感较小。了解服饰风格量感的大与小就可以结合自身或服务主体的特征进行分析和归纳，帮助其快速掌握自己所适合的风格种类（图4-24）。

图4-24

四、方与圆

一般来说，一件衣服上直线与曲线是相结合产生的，款式上通常有约定俗成的设计原则，如男装多直线，女装多曲线。但随着时代的发展，审美的变迁，在服装款式上也呈现一种中和现象，即男女装廓形的模糊，女装也趋于H型、T型，男装设计中也加入了"圆"的设计。"方与圆"还体现在对体型的修饰上，如曲线感强的身材适合穿圆润线条的服饰；直线感强的身体则适合穿着以直线、方廓形为主的服饰单品（图4-25）。

直线型　　　　斜线型　　　　曲线型

图4-25

五、 实用服装链

"一衣多穿"不仅是低碳环保概念下的一种着装理念，是一种流行、更是一种生活态度。通过单品和配饰之间的搭配，形成崭新的造型，迎合多种场合的需求，也是对当今快节奏生活和快时尚的快速反应。

1.以色系搭配展开的服装链

不同风格、不同材质的服饰单品如果能按照一定的色系组合进行重新搭配，就有可能搭配出许多崭新的形象。由于色调的和谐统一，将不同材质的单品进行重新组合，在视觉效果上是最不易出错的方式。如图4-26所示，以暖色调为例，将不同深浅橘色调单品展开服装链搭配，有效利用了服装资源，避免浪费，也是衣橱定期进行打理的便捷方法。

2.以基础单品展开的服装链

生活中最简洁的纯色半身裙，搭配不同风格的上装、包袋、鞋以及配饰便可瞬间改变造型，但要把握几个原则：注意材质之间的对比和关联性，注意色彩之间的面积比例，注意鞋、包袋、项链等配饰的点缀色和流行色运用，就有可能呈现出OL风格、都市风格、休闲假日风格及华丽风格等。

比如以基础白色A裙展开的服装搭配链，通过不同风格的单品营造出优雅、休闲、运动、知性等整体风格（图4-27）。

图4-26

OL风格

都市风格

休闲风格

运动风格

华丽风格

图4-27

第三节 面料创意与形象塑造

一、面料二次设计提升形象创意含量

面料作为服装设计中最为直观的要素之一，是最能突出创意和形象塑造效果的载体。优秀的形象设计师除了要关注色彩和款式的流行之外，更应该具备高超的面料设计能力，用材料去思考，把握其特性，并用审美的眼光对面料的材质、肌理和图案等方面进行开发和再造，其效果无疑对服装风格的实现提供了更为广阔的物质条件和创意空间。

面料创意设计提升了服饰品的设计含量，通过面料的创意性变化，给予设计师新的灵感来源，为设计师提供更为广阔的设计空间。面料创意设计具有极强的实验性、破坏性、偶然性和人为特色，具有丰富的表现手法。

同时，形象设计推崇个性化、拒绝模式化。在个性风格的塑造表现上，极大地依赖服装材料的细节设计，而对细节的演绎和变化很大一部分已经转移到对服装材料的再造上，成为体现设计创新能力的标准。因此，注重对服装材料的开发和创新，把现代艺术中抽象、夸张、变形等艺术表现形式，融于服装材料再创造中去，为形象创意思维提供更广阔的创作空间，这是现代设计师所关注的问题。

例如设计师为了表达"透明"这一主题，在材料上运用非服用材料——塑料，采用立体裁剪方式，结合流行趋势，利用干净脱俗的复古妆容，塑造环保概念下充满浓郁人文情怀宛若新生的形象（图4-28）。

图4-28

二、面料质感影响人物形象气质

面料质感对形态的影响是人物形象设计中非常重要的因素。不同的面料带有完全不同的感情倾向，即使是完全相同的设计，换用不同的材料，就可以完全改变设计的风格。例如一件简单的背心，分别用丝绸、皮毛、皮革制作，丝绸给人以轻快的感觉，皮毛给人以粗犷感，而皮革则给人以前卫感。肌理效果是材料质感的一个特色，肌理的差异性可以使人物形象设计呈现出不同的面貌。尤其在现代人物形象设计中，当设计和色彩的运用达到一定的极限以后，对物质材料的再造或肌理处理成为强调设计的重要途径。

不同材质面料的造型特点以及在服装设计中的运用简单介绍如下。

1. 柔软型面料

柔软型面料一般较为轻薄、悬垂感好，造型线条光滑，服装轮廓自然舒展，如真丝、高支精梳棉、丝棉、雪纺纱等，比较适合表现柔美、可爱、优雅的形象（图4-29）。

图4-29

2. 挺括型面料

挺括型面料线条清晰，有体量感，适合有容量感、轮廓夸张的服装；比较适合塑造中性、干练的形象（图4-30）。

3. 光泽型面料

光泽型面料包括色丁、缎面、锦纶、锦棉、天鹅绒、漆皮、亮片钉珠面料等，这类面料表面光滑并能反射出亮光，有熠熠生辉之感，此类型面料适合配以冷艳妆容、量感发型来塑造夸张、华丽的风格（图4-31）。

4. 厚重型面料

厚重型面料厚实挺括，能产生稳定的造型效果，包括各类厚型呢绒和绗缝织物。其面料具有形体扩张感，不宜过多采用褶裥和堆积，设计中以A型和H型造型最为恰当，适合塑造自然、古典、休闲的风格（图4-32）。

图4-30

图4-31

图4-32

5.透明型面料

透明型面料质地轻薄而通透，具有优雅而神秘的艺术效果。包括棉、丝、化纤织物等，例如乔其纱、缎条绢、蕾丝等，适合塑造空灵、科幻的形象（图4-33）。

图4-33

6.涂层面料

利用溶剂将所需要的涂层胶粒（有PU胶、A/C胶、PVC、PE胶等）溶解成流涎状，再经过均匀涂抹、烫印、固色、烘干等工艺在原有面料表面形成一层均匀的覆盖胶料，从而达到防水、防风、透气等效果。这是科技与艺术完美结合的结晶，适合塑造个性、创意类形象（图4-34）。

图4-34

三、流行面料提升形象塑造的时尚感

国际时尚舞台上的中性风格最突出的表现就是设计师将以往专属于男士西装、外套的面料运用到女装上。例如人字羊毛呢、机织弹力面料等看起来沉稳又怀旧的男装布料，取代了近几年一成不变的软质皮革、羊毛呢等极其女性化的面料，加上褶皱、抽结等立体化细节设计，为时下女性提供更多的选择（图4-35）。

图4-35

第四节　细节设计与形象塑造

形象设计中的细节体现在多个层面，这里主要针对外在形象的细节设计而言。身处快节奏社会活动中的人们，置身于一定的社会环境中经常要快速变换多种身份和形象，因此，细节的设计就显得尤为重要。

一、细节设计转换职业场合、半职业场合形象

如上班族下班后要赶去参加一个朋友的聚会，而职业装束就会显得有些呆板和严肃，但又不可能回家重新换一身衣服，这个时候，细节设计就发挥大的功效了。

1. 配件

靓丽丝巾的恰当使用、时髦腰带的点缀、手包款式的选择、艺术感项链的佩戴都能在瞬间减弱职业刻板的形象，可营造出摩登时尚的气息。

围巾是生活中最常见的配饰单品，按材质分有巴黎纱、羊绒、真丝、人造丝、涤纶、丝麻等；按款式大致可以分为三角巾、长三角、海带巾、方巾、长巾等；从图案的制造工艺上分为提花工艺、穿丝工艺、手绘图案、数码印花等。现代的围巾设计已经从原始的避寒取暖变成决定服饰风格和着装品位的重要指标，无论从材质上还是工艺上，或是搭配方式上都能满足不同层次消费者的需求（图4-36）。

图4-36

2. 妆容

快节奏的工作生活场景转换要求细节取胜，根据"TPO"原则，职场女性可以在不同的场合，通过妆容细节打造全新的气质。然而，许多女性往往忽略这一点，尤其是一些女性在面试或者上班时，也装扮得过于浓艳或不恰当地妩媚。

职场妆容要求生活化，而半职业场合的妆容可根据参加的具体活动及目的进行修饰。

比如去西餐厅赴宴，根据西餐厅的灯光和环境色一般以诸如蓝紫色的冷色调为主，可以通过将眼影色加深，结合小烟熏的画法，同时加强唇部色彩和光泽来重塑华丽造型（图4-37）。

图4-37

二、细节设计完善形象创意

形象塑造离不开服装造型设计、妆容设计、配饰设计、服饰搭配等视觉要素的协调和变化，例如妆容上眼线或者眼影细微的变化便可呈现不同的气质。服装在廓型、面料、颜色、风格方面的差异性也会造成视觉效果的不同，配饰材质的选择、形状的差异都会影响整个形象创意的效果，因此，往往会因为少许变化的细节设计而产生不同的视觉效果和风格感受。如图4-38所示，同一个模特同样采用当下流行的强调粗眉、弱化眼线的复古妆容，但细微之处在于选择唇色的不同使得整体的造型风格略有差异。

图4-38

本章小结

　　本章节从影响女性着装风格的重要因素入手，阐述了八大女性风格的特点及对应服饰搭配中的技巧；从而总结出取长补短的着装技巧，并从服装面料创意及细节设计角度，整体讲解服饰创意与形象风格塑造之间的关系。

思考题

　　1. 阐述女性着装八大风格的判断依据、特点及其差异性。

　　2. 列举生活着装中取长补短的技巧并实操示范。

　　3. 收集以面料创意为出发点的形象设计作品进行分析，并总结其创意规律。

　　4. 阐述细节设计对形象风格塑造的重要性并以案例为示范。

第五章　形象设计的构思表现

学习目的

　　将主题性的人物形象设计通过效果图表现出来是设计表达的重要环节，在整个形象设计体系中具有基础性和建设性作用，因此，掌握多种表现技法及创作流程是创作的关键。

学习计划

　　介绍马克笔、彩色铅笔、水彩等常用的表现技法，掌握在短时间内快速表达设计理念和展现设计效果；展开从概念到平面形象再到立体形象的开发拓展训练。

第一节　形象设计效果图

　　形象设计是对人物形象进行视觉艺术再造的表现，通过对人物形象风格塑造及审美意境营造的表现，它表达了人物形象的内在情感及审美情趣。同时，这也是设计师创造性思维对人物形象设计进行艺术构思的创造过程，其表现的载体就是形象设计效果图，这也是形象设计直观化的第一步。

一、形象设计快速表现的创作基础

　　形象设计快速表现前期与服装设计效果图非常相似，唯一不同的是服装设计效果图以服装款式、面料的表现为主，而形象设计效果图的表现重在整体风格。作为一名形象设计师，理论上要储备一定的设计知识，如服装设计、配饰设计、化妆设计等基本理论；要有一定的素描、色彩美术基础；具备一定的化妆、美发的基本技能，能够独立设计晚宴妆、新娘妆等各种场合人物妆容；要具备动手实操能力（图5-1）。

图5-1

二、人体的正常比例和理想比例

　　形象设计效果图表现的主体是人物，首先要十分了解和把握人体比例，效果图的最终目的就是通过优美的人体展示出服装的韵味。现实生活中，普通人体以一个头为单位，身长为7个头长或者7.5个头长，即7头身或7.5头身都是正常的，符合大众的审美。服装效果图和形象设计效果图中的人体有别于写实的人体，它是在写实人体的基础上经过夸张、提炼和升华的"8头半身"或"9头身"的人体。在画时装画时，则采取更加夸张的人体比例，如"9到10个头长"左右（图5-2），这是相对写实风格而言的，时装画人体一般用于商业用途。

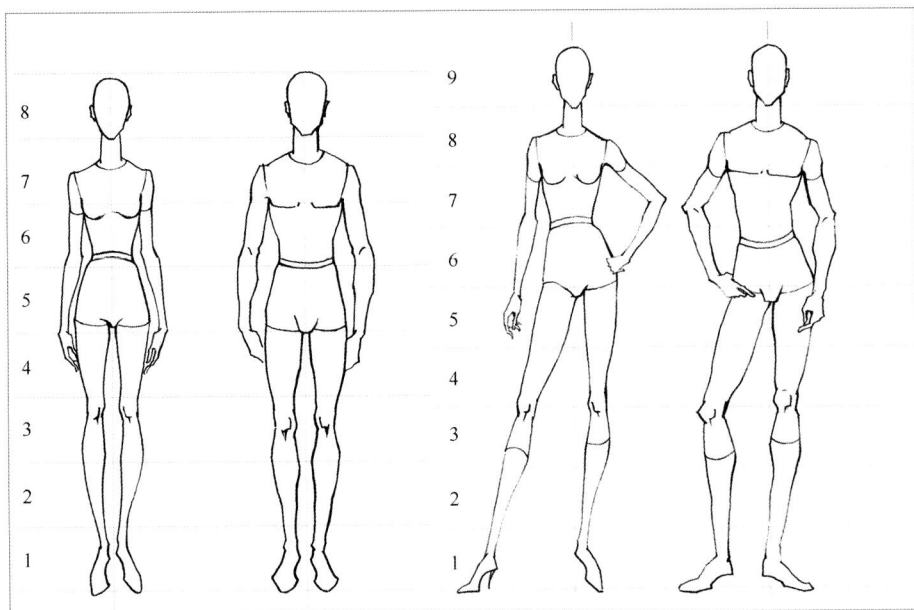

图5-2

　　面部遵循"三庭五眼"的比例（图5-3）。

三庭五眼

图5-3

三庭：指脸的长度比例，把脸的长度分为三个等分，从前额发际线至眉骨、从眉骨至鼻底、从鼻底至下颏各占脸长的1/3。

五眼：指脸的宽度比例，以眼形长度为单位，把脸的宽度分成五个等分，从左侧发际至右侧发际，为五只眼形。两只眼睛之间有一只眼睛的间距，两眼外侧至侧发际各为一只眼睛的间距，各占比例的1/5。如图5-4是用马克笔表现的人物面部造型示例。

图5-4

三、人体结构与姿态选择

为了更好体现出服装的风格，表现着装者的整体气质和完美效果，在画正稿之前必须对人物动态进行周密分析。通常，在选择着装动态时一般从以下两个方面考虑：

（1）根据服装的整体风格。职业装、制服给人的感觉是严谨、端庄，因此在选择动态时可以选择站立的、手脚动作幅度不大的姿势；礼服、婚纱等服装给人的感觉是柔美、妩媚，因此在选择动态时应选择身体有扭动、突出曲线美的动态；根据运动休闲装易于活动的特点，应选择动作幅度大、夸张的动态（图5-5）。

职场形象设计的快速表现可以借助手绘和电脑综合技法，手绘线条生动，电脑辅助填充更换面料方便快捷，可根据客户的要求及时修改，另外，电脑辅助场景设计也非常方便，这是做形象设计方案时常用的手法（图5-6）。

（2）根据服装设计的重点，以突出此款服装的设计意图来选择侧身、背面、正面。如果设计重点在背部，就一定要选择背面的动态；如果设计重点在右腰部，就一定要选择右腰部的侧面，只有选对了动态才能将设计师的设计意图通过模特的姿态展示出来（图5-7）。

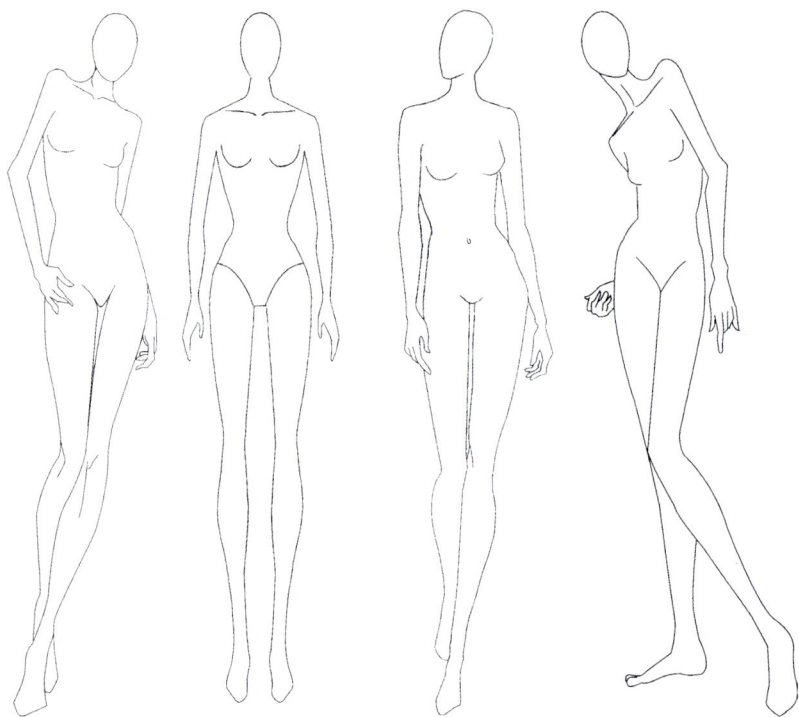

图5-5

图5-6

通过概括式速写线条来表达人物形象设计的初步设想，辅以电脑上色，不突出人物肤色的方式具有插画风格，让设计充满情趣（图5-8）。

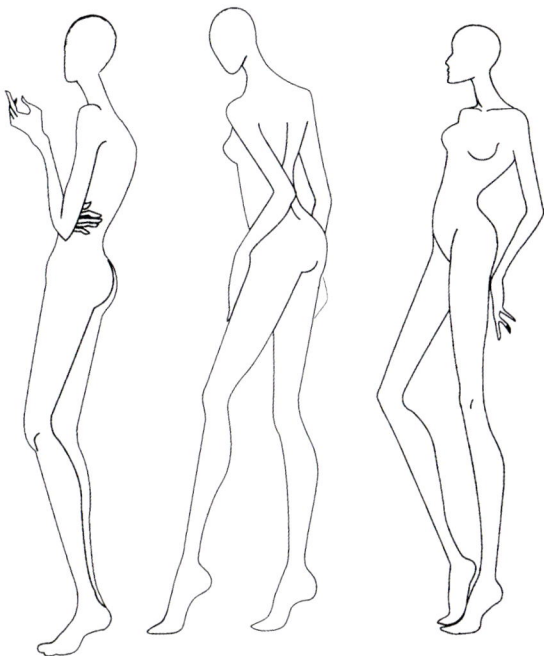

图5-7

图5-8

四、形象设计效果图的常用表达工具及技法

形象设计效果图跟服装效果图的内容极为相似，其表现形式多样化，表现技法亦丰富多彩。在一幅效果图中，可采用单一的表现技法，亦可采用多种技法综合表现，以达到完美地表现效果图的独特内涵。设计师往往只需运用其中少数的几种技法就足以表现丰富的设计内容和思想理念，或形成自己独特的艺术风格。形象设计效果图是各种表现语言的载体，常用的有马克笔技法、彩色铅笔技法、水彩技法、水粉技法等。

1.马克笔效果图表现技法

马克笔（Marker）分水性和油性，水性马克笔色彩鲜亮透明，可以混合使用；而油性马可笔快干、耐水性好。马克笔的最突出特点就是：不用调色，基本不受纸张限制，买来就可以用。另外，马克笔的笔头有方头、尖头之分，不同的笔头结合使用能产生丰富的笔触效果，因此，马克笔也越来越受到广大设计师的喜爱。马克笔可以跟多种画材相融一起使用，比如和彩色铅笔、蜡笔、水粉、水彩等，利用其清晰的笔触感和其他画材的不同特性会呈现出丰富的肌理和视觉效果（图5-9）。

图5-9

利用无彩色系的黑、灰色马克笔快速表达出朋克风格礼服的造型效果图，帅气的笔触和朋克风格的中性潇洒不谋而合（图5-10）。

图5-10

2. 彩色铅笔效果图表现技法

彩色铅笔（Coloured Pencils）分一般油性彩色铅笔和水溶性彩色铅笔，水溶性彩色铅笔可以在绘制后，利用清水渲染而达到水彩的效果，亦可作一般性彩色铅笔使用。彩色铅笔运笔线条的排布，与素描很相似，注意线条的排列秩序和方向。配色上避免只用一种颜色反复涂抹，可利用不同色彩交叉形成新的色相来丰富画面视觉效果，但要注意线条之间的条理性和清晰感（图5-11）。

图5-11

也可以通过工笔风格的钢笔勾线塑造人物整体造型，结合彩色铅笔清晰、明快的线条，来表现都市少女青春休闲的形象（图5-12）。

图5-12

3. 水彩效果图表现技法

水彩（Watercolour）是最为常用的颜料。它透明度高，可以多层重叠上色，水彩的一大特点就是渲染，和水的混合可以创作出丰富的效果。它的着色性很强，即使长期保存也不易变色。水彩着重体现了一个"水"字，从而产生了晕染、洇渗、叠色等湿画法。水彩技法的关键，一是要控制好水和颜色的"分量"，水太少则色彩干涩，水太多则堆积，时刻要控制好水的比例并按照层层浸染的步骤，保持水彩的透明感。水彩晕染法的表现，一般由两支笔共同完成，一支是中白云调色，一支是大白云蘸水晕染，需要注意的是蘸水的笔始终要保持干净，这样晕染时才能保证画面的透明感不至于会让画面显脏（图5-13）。

图5-13

　　水彩是表现形象设计效果的常用手法，水彩技法表现时要注意控制水分的多少、晕染的力度、上色之前铺水和上色之后用水晕染的效果等；同时可以结合水溶性彩色铅笔晕染，也可以先用水彩铺底，待干后用麦克笔绘制细节等手法来营造丰富的效果。图5-14是水彩结合彩色铅笔、蜡笔表现的蜡染服饰造型。

图5-14

4.水粉效果图表现技法

水粉既能像水彩技法一样通过"薄画法"表现通透感，也能像油画一样通过"厚画法"表现厚重感。"厚画法"是指调色时加水比例较小，色彩较厚，厚涂如油画一般厚重，适合干扫、揉、擦等技法，运用生动的笔触，一般用来表现厚重、粗糙的服装质感。但涂抹覆盖次数过多，也会使得色彩变得粉气。"薄画法"是指调色时加大用水比例，薄画法犹如水彩般淋漓。水粉技法既能细致刻画人物、精细入微地再现服装面辅料的真实质感，形成较强的写实风格，同时也适合用平涂表现装饰风格，平涂水粉时要注意水分的控制和运笔的方向（图5-15）。

图5-15

水粉平涂技法，利用水粉较强覆盖性的特性来表现卡通风格和插画风格的设计效果图，同时水粉也有和水彩相同的特性，可以用薄画法，上色时用蘸清水进行晕染，然后待干后再上较重的颜色。步骤是先浅色后深色、先薄画再厚画，水粉技法在表现厚重质感时也非常有效（图5-16）。

图5-16

5. **电脑辅助设计技法**

电脑辅助工具在服装的色彩搭配、服装款式设计、服装面料设计、人物妆容设计、服饰配饰设计与制作等方面具有得天独厚的优势。常用的电脑软件有Photoshop、Adobe Illustrator、Coreldraw等，图5-17是AI（Adobe Illustrator）软件绘制的效果图。

图5-17

图5-18是手写板绘制的效果图。

图5-18

6. **综合表现技法**

在同一幅作品中集中多种工具的优势和多种表现手法来表现时装及画面的总体效果，称为综合技法。使用综合技法的前提是熟练掌握各种技巧并根据设计意图各取所需，将其有机地组合在同一画面中，使得时装、服饰的效果表现得更为精彩。图5-19是多种手绘表现技法的综合运用和手绘结合电脑辅助设计方式的示例。

图5-19

图5-20是Corel DRAW软件应用的设计图。

图5-20

第二节　形象设计的创作流程

　　形象设计是一个艺术创作的过程，由艺术构思与艺术表达两部分构成。设计师针对不同的受众及造型目的，预先有一个构思和设想，然后整理、收集相关资料，确定设计方案，最后实施操作完成整个流程。

一、从灵感走向设计主题的构思过程

　　构思，是指创作者在创作作品的过程中所进行的一系列思维活动，包括确定主题、选择题材、研究布局结构和探索适当的表现形式等。在艺术领域里，一般来说，构思是意象物态化之前的心理活动，是"眼中自然"转化为"心中自然"的过程，是心中意象逐渐明朗化的过程。

　　形象设计是一种特殊的造型艺术，它以设计对象为目的，由客观主体、设计语言、形式技巧共同构成了一种特殊的艺术语言。人物形象设计涉及人物造型、造型语言、表现技法等方面的造型要素。

　　构思在设计方案出来之前尤为重要，正如世界服装设计大师们层出不穷的构思使服装真正具有了不凡的内容与形式，从而引导了服装市场一次又一次的穿着潮流。形象设计从属于艺术的大范围之中，却有着它鲜明的独特性。形象设计的构思也自然有着某些共性与个性，其具体特征表现为特定性、创造性、深刻性与整体性（图5-21）。

设计要求：调查收集资料、
文案策划、
设计草图

表现技法：效果图表现方法、
化妆造型手法

造型环节：服装设计、配饰设计、
整体搭配、视觉传达
设计等

构思　　技法　　造型

图5-21

二、人物形象设计的思路和构思方法

　　设计构思就是指作者在创作中的思想意图。构思方案主要包括以下内容：人物的整体风格、服饰造型、面部造型、服饰色彩、面料选择、服饰搭配等方面。同时设计对象将要出席的场合、目的及预期达到的效果等也要考虑，以确保最终完成的效果能够充分体现最初的设计意图。

人物形象设计的构思过程大致可分为三个阶段：准备阶段、孕育阶段、形成阶段（图5-22）。

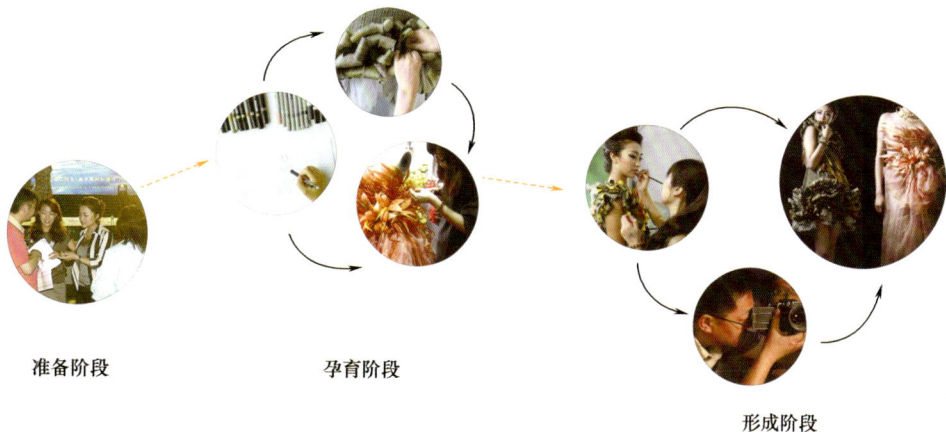

准备阶段　　　　　　　孕育阶段　　　　　　　　　　形成阶段

图5-22

1. 准备阶段

生活是创作的源泉之一，故设计者应该经常体验生活，深入社会生活当中，随时随地将人们的生活方式、衣着演变趋势、各类服装的造型特点以及工艺条件——加以观察，并把它收集、描绘或者记载下来。这些图文资料是设计师进行形象设计的基本依据。

2. 孕育阶段

设计者在对原始素材加深理解的基础上，酝酿不同的设想，最初的形象往往具有不定性的特点。将收集的大量图片和文字，以及已有的资料进行分析归纳，并从人物的风格、服装款式、色彩、流行趋势、妆容形象等方面进行整理，建立"形象设计资料库"，通过资料整理，帮助设计者理清知识体系，以便举一反三、灵活应用。

3. 形成阶段

设计构思的目的在于塑造服装形象，决定服装风格，这是一个构思和如何表达构思的过程。当构思进入形成阶段，标志着设计意图已确定，设计师已经可以预测到服装形象和人物形象结合的效果。

以上的构思三阶段是就一般情况而言的。构思作为人物形象设计的前奏，是形象设计中不可缺少的环节。

三、人物形象设计中设计主题的表现

在人物形象设计中，"形象"是其核心，"主题"是灵魂，"表现"是手段。对于不同的人物形象设计要求也不一样。

针对个人日常形象设计时，要求根据设计主体的人物特征和具体要求，准确把握人物设计主题，并依据人物形象设计造型原理和技法来实现设计主题。

例如，通过对职场人物造型的分析和定位，把握欧美服饰风格的流行趋势，将宽松版的休闲西装搭配雪纺印花衬衣和西装短裤，打破传统职场形象的模式化设计，将时尚元素、职场用途、个性风格融合，创造出清新独立的职场新形象（图5-23）。

图5-23

对舞台、影视形象进行设计时，要求能够阅读、理解剧本，独立完成剧本分析（包括主题思想、剧情分析、人物分析、背景分析等），根据节目性质、演出场景、演出主题、表现内容、角色要求、演员的自身特点及摄影、灯光等条件，进行准确的人物形象设计。以草裙舞设计方案为例，在设计构思时除了要考虑演员个人条件、节目要求、舞蹈动作以外，还要考虑舞台场景设计、灯光条件等因素，有条件的话可到现场实地考察，综合条件分析之后再进入设计环节。

图5-24~图5-28展示了以楚文化为主题的形象设计构思创作全过程。

漆器纹样
青铜器纹样
楚服形制
楚人浪漫主义风格

且听凤吟

图5-24 《且听凤吟》主题灵感构思提案版

风格细节

曲裾 宽袿 立裁 解构 浮雕 肌理 拼接

图5-25 《且听凤吟》细节元素提案版

设计感马尾　　　　　干净中分　　　　　用头发做发圈　　发尾平直

图5-26　《且听风吟》妆容造型提案版

图5-27　《且听风吟》服饰设计方案草图阶段

图5-28　《且听凤吟》整体造型的完成效果

图5-29、图5-30是创意羽绒服整体造型设计的效果图与成型效果。

图5-29　《凝脂》系列整体造型设计效果图

图5-30 《凝脂》系列整体造型设计完成效果

本章小结

以效果图的形式表达思路是形象设计的重要环节，在整个形象设计体系中具有基础性和建设性的作用，因此，掌握多种表现技法及创作流程是创作的关键。本章节从在短时间内快速表达设计理念和展现设计效果的角度出发，介绍了马克笔、彩色铅笔、水彩等工具在使用中常见的表现技法，从而对从概念到平面形象，再到立体形象的开发展开拓展训练。

思考题

1. 掌握形象设计中效果图表现的特点和基础知识。

2. 了解形象设计中效果图表现的常用工具及技法，掌握其技法。

3. 对主题性形象设计方案进行快速的表现，掌握其创作的流程。

第六章 妆容与配饰

围绕人物形象的设计主题，进行从设计效果图的创作到人物形象的塑造及表现，贯穿整个设计过程，掌握服饰形象设计的表现手段。

学习计划

从生活中不同场合的妆容练习入手，到具有主题性人物形象设计的塑造，通过对古代风尚文化的学习，提升对形象设计内涵的理解。

第一节 妆容修饰

化妆是熟能生巧的技艺，花一些时间练习，就能够应用自如。化好妆最难的并不是技巧，技巧只要循序渐进，日积月累就能练就，但有了技术也未必能够展示和谐妆容。学会常规的化妆技巧并非难事，最难的是达到色彩、技法、形式之间的和谐，简言之，提高自身的审美能力是创造美的根源。

一、化妆的四大要素

化妆需要了解和掌握的基本要领有四项：正确、准确、精确、和谐，理解四大要素的内涵是掌握化妆技巧的第一步（图6-1）。

图6-1

1.正确——化妆部位、色彩搭配以及表达目的的正确性

正确是化妆的第一要素，主要指理论层面，比如对化妆部位比例的认识，以及对色彩搭配知识的正确把握，这是化好妆的前提，也是基础。此外，造型理论、色彩理论、技法理论以及审美理论也是掌握化妆技巧不可或缺的理论条件。

2.准确——化妆技法与化妆理论的准确表现

准确指的是技法，正确的理论指导再加上准确的技法，就能够把我们想要刻画的五官表达得非常清楚。这里的准确指的是化妆技法要准确，强调的是化妆的操作技巧，落笔要娴熟，然后能够将化妆理论的原则在个体身上准确的表达。

3.精致——需反复练习

精致，是四个要素中相对最容易达到的一个境界，经过长期练习和打磨，基本就可实现。精致也是设计者综合审美的一种表现，相对于其他三要素而言，"精致"是技法的提升。

4.和谐——体现审美与品位

和谐体现在三个层面：第一是妆面的和谐，妆面在风格、色彩上都要和谐；第二是妆面与整体形象的和谐，妆面设计要服从整体服饰的色调及风格，在色相、明度、纯度上达到完美统一；第三是与外环境的和谐，妆面不是独立出现的，必须要明确场合和环境，将个人形象融入所处环境，切不可孤立存在。

二、日常化妆法

现代人的生活节奏非常快，不可能花费很多的时间用于化妆，需要在美化形象和节约时间中寻找平衡。下面介绍一下入场化妆法的基本步骤（图6-2）：

图6-2

1. 粉底液

在洁肤、润肤后，用手指涂抹粉底液比较快捷方便，分别在额头、鼻梁、颧骨两侧和下巴处用手指将蘸取的粉底做均匀涂抹。

2. 散粉定妆

散粉和粉饼都是在使用完粉底液之后使用的定妆产品，区别在于散粉的超细粉末有超强定妆效果，而粉饼更适合外出时携带便于及时补妆；在使用散粉定妆时，可以用大刷子蘸取涂抹，也可以用绒面粉扑轻轻按压。由于粉末极细，不必担心出现厚重感和脱妆现象。

3. 画眼线

画眼线工具分为眼线笔、眼线液和眼线膏。眼线笔十分容易控制，能把握线条的形状，不易画出界，适合初学者，线条会十分自然，比较适合生活妆；缺点是防油效果不好，容易晕妆。眼线膏比较容易把握，上妆效果也很好，不过接触空气后干的很快，所以用时切记盖好盖子，以免眼线膏干裂。好的眼线膏防水、防油效果都很好，由于粗细很容易把控，因此适合塑造夸张的眼部妆容，并适合所有人群使用。

4. 眼影

眼影从质感上分为哑光和闪光两种，哑光的适合生活妆容，而闪光的适合舞台妆容，可以将哑光色眼影铺底，然后以闪光眼影描画高光。在色彩上有以基础色为主的搭配，也可以将色彩明艳、对比度较大的色彩相互搭配。

由于亚洲人的眼球是黑色、深棕色的，配合于黄色基调为主的肤色，同时选择使用相近颜色的眼线，会使眼睛放大，更有神采。和眼影色相适宜的是黑色、深棕色的眼线。

生活中一般彩色的眼线会用来作为点睛之笔，夸张眼睛效果。大面积使用彩色眼线的妆容通常为创意时尚妆容，也是舞台造型中最重要的表现环节之一。

5. 涂睫毛

涂睫毛的目的是可以增加眼睛的立体感，使眼睛充满神采。将睫毛膏从睫毛根部开始从下向上拉，每涂完一次，都要用干净的睫毛刷或者睫毛梳从根部把每根睫毛梳开，防止结块。用同样的方法再涂两三次睫毛膏。但是要注意，一定保证在前一次睫毛膏还没有干透的时候涂第二遍，以防因结块出现不流畅的感觉。

6. 腮红

刷腮红时要在微笑时从外嘴角到太阳穴连成一条斜线，腮红正好在这条斜线上，也正好在颧骨外侧方，这样的腮红就和面部的表情合二为一了，使妆容生动自然，不至于显得生硬。

具体方法是先把腮红刷在颧骨的最高处，按照从下往上的顺序，从一个中心开始涂刷，均匀的晕染开。一般从脸颊两侧扫画到太阳穴是最通用的方法。根据面部美学法则，长脸型的人刷腮红要尽量呈现横线，圆脸型的人刷腮红就要呈现斜线，这样可以很好的修饰脸型。

7. 唇彩

用唇刷蘸一点浅色的唇彩，刷在唇中央，再轻轻晕开，会给人清爽润泽的感觉。所用色彩要跟眼影、腮红的色相属性一致，比如咖啡色系眼影、橙色腮红搭配浅橙色唇彩；紫灰色眼影、桃粉色腮红搭配浅粉色唇彩。前者属于暖色系搭配，后者属于冷色系搭配。

三、优势化妆法

1. 突出眼睛化妆法

眼睛在五官中最为重要，无论是大眼睛、小眼睛、丹凤眼、深眼窝、双眼皮还是单眼皮都有独特的韵味，合理地选择颜色和化妆手法，可以营造突出眼部神采的效果（图6-3）。

图6-3

2. 阴影化妆法

在五官中鼻子是最具立体感的，无论是正面还是侧面都影响整个脸部的轮廓。亚洲人的面部相对于欧洲人而言显得比较平面化，想塑造立体五官和紧致脸型可以采用阴影化妆法，调整不理想的鼻部、不立体的面部轮廓和突出的眼皮等。但修饰的时候注意以下两点：

一是在色系选择方面，多以不同的啡色为重心。在日光下，可以选择较浅的啡来加重鼻的轮廓；出席晚宴或在热闹的室外派对时，则可以选择较深的啡来加重鼻的阴影。利用灯光的反射，脸容的效果会更加突出。阴影粉材质的选择应以哑光为主，有时候可以用眼影粉代替，色调、材质上尽量避免含有珠光颗粒。

　　二是运用合适的手法进行勾画，可借用无名指指腹，也可以利用化妆刷、化妆棒，手法轻柔，使阴影色跟皮肤色衔接自然，融为一体（图6-4）。

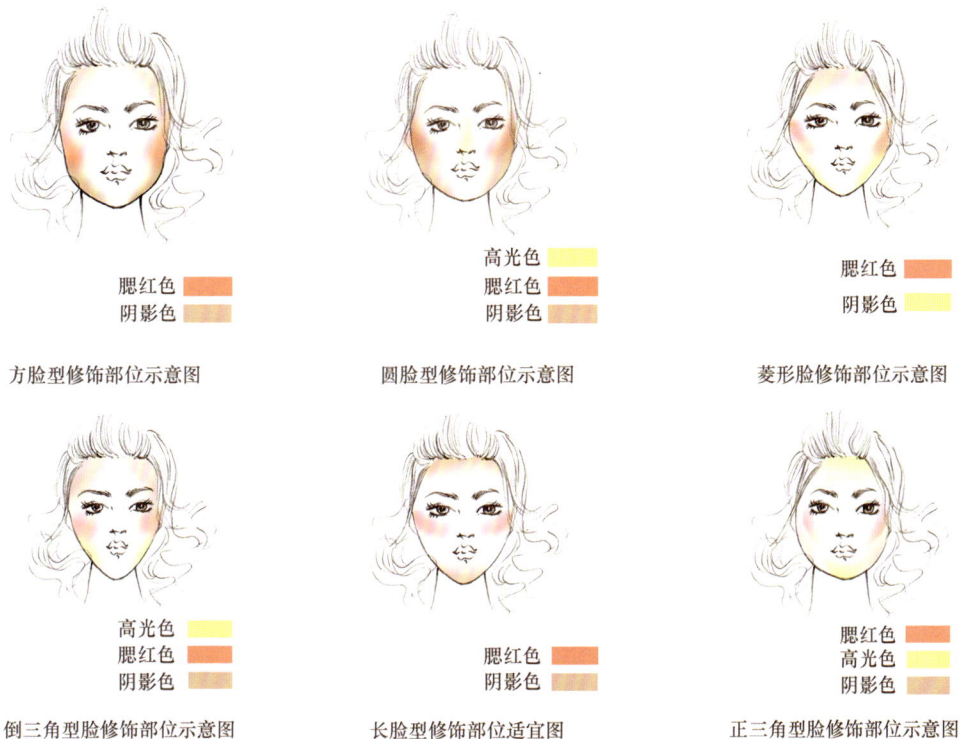

方脸型修饰部位示意图

高光色
腮红色
阴影色

圆脸型修饰部位示意图

腮红色
阴影色

菱形脸修饰部位示意图

高光色
腮红色
阴影色

倒三角型脸修饰部位示意图

腮红色
阴影色

长脸型修饰部位适宜图

腮红色
高光色
阴影色

正三角型脸修饰部位示意图

图6-4

　　化妆水平有三个境界：第一个境界是"为面容化妆"，这个境界的化妆师可以用化妆技艺修饰人的面目缺陷，让人的容颜变得更美丽；第二个境界是"为个性化妆"，通过高超的技艺根据每个人不同的形象、气质，为其设计服饰、发型、妆容，凸显一个人的个性特征；而最高境界是"为生命化妆"，这需要化妆师有较高的修养，从内心的丰富内涵中引发设计构思，能够拂拭掉心灵的尘埃，让人的生命显示出不一样的审美境界。

第二节　配饰与整体造型

　　普通人的着装观念注重实用性，习惯在着装主体上考虑过多。比如所购置服装的面料、款式、做工都堪称一流，却极少考虑为衣服选择相应的配饰，导致着装整体效果过于传统，缺少时尚感，显得刻板、无个性。

浪漫的法国女性习惯仅购买少量的贵重首饰，但却拥有很多装饰性饰物；日本女性对丝巾情有独钟，往往能掌握十几种丝巾的系法。购置的服装如果不重新进行配搭，只能视为半成品。通过手袋、鞋、丝巾、首饰的搭配和个人妆彩的协调，使服装与个人的形象气质融合在一起，这才是真正意义上的服饰设计，个人的着装风格也才会富有生命力。

服饰设计体现了服装设计师对美和时尚的理解，但同样的服装穿在不同人的身上，诠释出不同的生活理念和个人修养。若想体现个性化，必须由本人进行二度创作，即根据自身的品位和气质对服装和配饰进行搭配，形成符合自身气质的服饰风格。体现个性、时尚、精致、完美，在于各种各样的配饰的应用，整体形象美是通过二次创作完成的（图6–5）。

图6–5

一、包袋——协调比例的关键

通常情况下，包的大小应是女人臀部体量的1/3。但也有特例，比如为了表现狂野民族风，也可以选择更为夸张的包袋；为了表现优雅淑女风格，也可以选择造型更纤巧的晚宴包（图6–6）。

图6-6

二、耳环、胸针、项链——画龙点睛的秘密

首饰的材质有金银、钻石、珍珠、亚克力、合金、陶质、木质等，它们都有各自的属性特征，如金银也分冷暖，金色首饰搭配暖色系的服装，银色首饰则应配冷色系的服装。首饰与服装的颜色相协调，同色系看起来协调稳定，对比色显得强烈活泼。此外，首饰由于材质的不同表现出的风格也丰富多样，比如木质和陶质偏向民族风格和自然风格，亚克力较为偏向夸张和奢华的欧美风格，而珍珠由于色泽温润偏向优雅甜美风格等（图6-7）。

图6-7

三、围巾——彰显优势、掩盖不足

围巾按形状可分为三角巾、方巾、长围巾、披肩等种类；按材质可分为棉质、羊毛、羊绒、真丝、麻质等种类；按风格可分为田园、淑女、奢华、街头、中性、知性等不同风格；按搭配的场合可分为休闲、职场、户外等类型。

无论哪种风格都离不开色彩的选择，最基础的选择方式是以服装色调为主，同色系搭配，这样最为整体，不易出错；也可遵循净色的服装搭配花色围巾的原则，带图案的衣服配净色围巾；在选择时还应考虑肤色，尤其要考虑跟面部肤色的协调，如偏暖的肤色不宜选择太冷的围巾色，否则会与面部形成鲜明的对比，显得过于生硬，可以选择中性色使之和谐（图6-8）。

图6-8

四、腰饰——调节视觉比例，完美搭配的点睛之笔

腰饰从种类上分有腰带、腰链、腰巾、腰封等；材质上分有皮质、绳质、合金等；风格上分为商务、休闲、民族、街头等风格（图6-9）。

图6-9

腰饰在服饰搭配中，有改善人体比例和提升整体造型的作用，如腰链松松地系在胯部，会呈现浓郁的民族风情；腰巾装饰在腰头会营造出休闲自然的氛围；束于高腰位置的宽腰封会塑造出奢华宫廷的风格。

腰饰色彩的选择一般是同色系、类似色或者对比色，同色系和类似色搭配不易出错，但如果想出彩就要考虑材质的变化；如果选择色相对比大的腰饰，要特别注意它在整个身体上的位置，位置较高的视觉点会显得身材挺拔，如果希望下半身看起来比例较好，就应选择与裙子或裤子相同颜色的腰饰，这有在视觉上提高腰线的效果；但如果上身偏短的人就要考虑选择和上衣颜色相吻合的腰饰，这样腰饰和上衣在色相上协调一致，有效加大了上身的视觉长度，对身材起到修饰作用（图6-10）。

图6-10

五、鞋——不容忽视的角色

选择鞋子时首先考虑色系，如无彩色的黑色、灰色、白色和自然色系的米色、咖啡色、驼色、卡其色等都是常用的百搭色，这些都容易搭配服饰整体色调。其次要考虑鞋型与风格的搭配，如方头鞋给人的感觉是利落、简洁的，因此比较适合职场形象；圆头鞋给人的感受是舒适、可爱、有亲和力的，因此比较适合休闲度假穿着；而尖头鞋给人的感受是摩登的、前卫的，因此比较适合都市风格的形象（图6-11）。

图6-11

六、丝袜——完美着装的修饰

丝袜和鞋子搭配时，不能比鞋的颜色深；如果想使腿部显得修长，那么裙子、丝袜和鞋子的色相、明度都要一致；白鞋搭配浅肤色丝袜，彩色丝袜会因花纹、颜色及搭配服装的不同而塑造出不同的风格（图6-12）。

图6-12

选择恰当的长筒丝袜能弥补腿部形状和肌肤的缺陷，选用方法如下：

丝袜的长度必须高于裙摆边缘，且留有较大的余地，穿迷你裙或开衩较高的直筒裙，应配裤袜。

身材修长、腿部较细者应选用浅色丝袜，会使腿显得匀称饱满些。腿部较粗者应选用深色丝袜，如黑色、墨绿色、蓝黑色、深咖色，并且带暗直条纹的丝袜会使腿显得苗条些。

全身肥胖者应选用偏深肤色，避免较深色泽，如果选择黑色丝袜反而会让上身显得"头重脚轻"。腿较短者最好穿深色长裙并搭配同一颜色的袜子、高跟鞋，这样可以利用色彩的拖拉原理拉长下身视觉比例。

腿部静脉曲张者在踝部、足背可能会出现轻微的水肿，严重者小腿下段亦可有轻度水肿，同时会伴有局部的色素沉着，因此忌穿透明丝袜。

全套黑色的衣服应选用有透明感的黑袜，这样不至于整体显得过于沉重。以印花为主的衣裙应配素色丝袜，颜色可以选择印花中面积较大的一种色彩。

第三节　古代风尚的现代启示

得体的着装、和谐的妆容共同构造了服饰的外在美，而对于内在美的培养则需要不断地学习来提升。无论是对于个人还是对于设计师、造型师，重读古代时尚都是提升自身审美和人文素质的最佳途径。

从出土的战国时期楚俑便可看出当时已开始敷粉、画眉以及使用胭脂。"脂泽粉黛"一词，最早见诸《韩非子·显学篇》，可见，2200多年以前就有"系列"化妆品了。古代的农业社会一向自给自足，连化妆品也不例外，大都以天然植物、动物油脂、香料等为原料，经过煮沸、发酵、过滤等步骤制成。

但正如古人所言，"虽资自然色，谁能弃薄妆？"再美的人也离不开妆饰，西施居处至今仍存其洗妆的"胭脂河"。对中国女子妆容粉饰的诗文赋章繁多，传承不绝。

一、妆粉

据古书记载，我国早在四千年之前已有面妆的记载了。五代马缟的《中华古今注》云："自三代以铅为粉"；晋张华的《博物志》称："纣烧铅作粉，谓之胡粉，即铅粉也"。白居易也曾用"玉容寂寞泪阑干，梨花一枝春带雨"来描绘杨贵妃，白妆给人一种年轻且有些弱不禁风、楚楚动人的感觉。可见从古至今，追求白皙肌肤始终是我国女性化妆的主旋律。

从色彩原理角度分析，白色反射光线的能力最强，它在阳光下所泛出的光泽与深色肌肤给人的感觉是截然不同的，敷粉使女性的脸面显得白嫩光洁，有了雪白紧致的肌肤，再勾画眉眼和扫胭脂都会有干净唯美的效果（图6-13）。

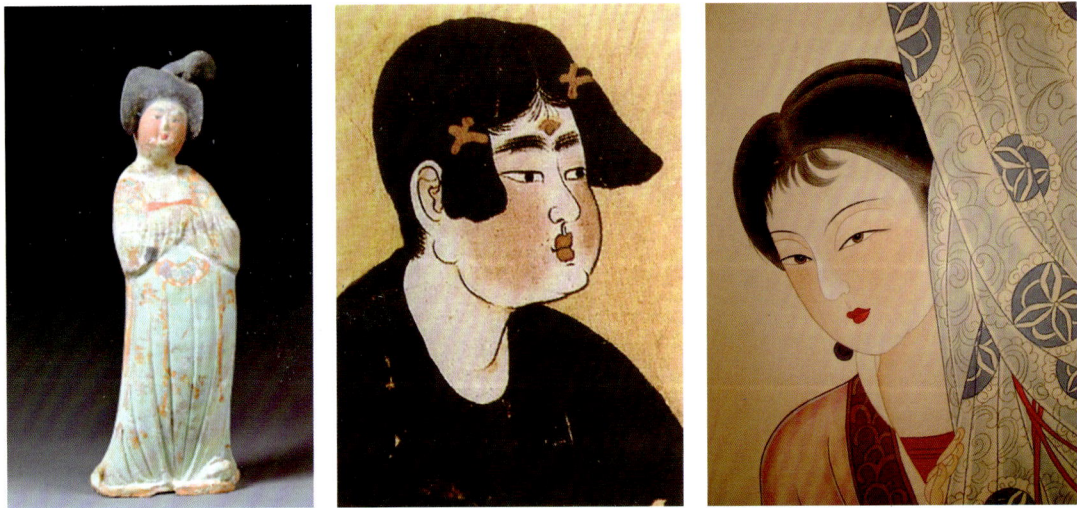

图6-13

二、胭脂

"白妆"是为了改变肤色，胭脂则能增加神采气韵。古时的胭脂有时作为古人的口红，有时又能和妆粉调和后作腮红使用。后来人们在这种红色颜料中加入了牛髓、猪胰等物，使其成为一种稠密的脂膏，从此胭脂的"脂"才有了真正的意义。

古代称口红为口脂、唇脂。口脂朱赤色，涂在嘴唇上，可以增加口唇的鲜艳，给人留下健康、年轻、充满活力的印象，所以自古以来就受到女性的喜爱。

口脂化妆的方式很多，中国习惯以嘴小为美，如唐朝诗人岑参在《醉戏窦美人诗》中写道："朱唇一点桃花殷"；唐宋时还流行用檀色点唇，檀色就是浅绛色。北宋词人秦观在《南歌子》中歌道："揉兰衫子杏黄裙，独倚玉栏，无语点檀唇"。这种口脂的颜色直到现代还在流行（图6-14）。

唐朝彩陶俑

古代精美的胭脂盒

唐朝李棋仕女图的妆容

图6-14

唐朝元和年以后，由于受吐蕃服饰、化妆的影响，出现了"啼妆""泪妆"，顾名思义，就是把妆化得像哭泣一样，当时号称"时世妆"。这种妆容给人一种怪异的感受，与现在流行的哥特妆有几分相似。

三、黛粉

画眉是中国最早流行、最为常见的一种化妆方法，根据史料记载最早产生于战国时期，屈原在《楚辞·大招》中记："粉白黛黑，施芳泽只"。我国女性在眉妆上具有两种特色，一是拔眉重新化妆，二是妆法自由式样繁多。《楚辞》中的"粉白黛黑"之句，即指白施于面，黛为黑施于眉，这是我国古代妇女最早的妆法。

一般用于黛眉的颜料有矿物质的石墨、石青，有植物类的蓼蓝等，从中所提取的颜料，通称"青黛"。盛唐时期，流行把眉毛画得阔而短，形如蛾翅或桂叶。元稹诗云"莫画长眉画短眉"，李贺诗中也说"新桂如蛾眉"。为了使阔眉画得不显得呆板，妇女们又在画眉时将眉毛边缘处的颜色向外均匀地晕散，称其为"晕眉"，这种画眉方法和现在流行的画眉技法完全一致。唐朝还流行一种很细的眉形，称为"细眉"，其叫法也和现代的称谓吻合。当时最常见的有十种眉：鸳鸯眉、倒晕眉、拂烟眉、小山眉、五眉、三峰眉、垂珠眉、月眉、分梢眉、涵烟眉，等等，多姿多彩，可见古人的爱美之心与现代人相比，有过之而无不及（图6-15）。

唐代流行的蛾眉

电影《夜宴》中的造型

元代流行眉型

以唐妆为灵感的创意造型设计

图6-15

在中国古史中，谈到眼妆的几乎没有。但从古时流传下来的一些成语词汇中可以看出对古代女性美的评判更偏好于神采的表达，如"顾盼生辉""含情脉脉"等；在欣赏古代绘画作品时，仍旧可以看到古代女性眼妆的痕迹，它有别于西方在眼妆上追求结构的画法，而更偏向于通过晕染来表达神韵。

从色彩角度来讲，深颜色有后退感，东方人相对西方人的眼睛形状和层次来说，眼型比较细长，结构层次比较平面。用青黛颜色描画眼睛周围，用手晕开层次，和现在描画眼睛的技法极为相似，从视觉上会使眼睛更大更有神采，比如"小烟熏"的画法（图6-16）。

图6-16

四、花钿

妆粉、胭脂、黛粉是古人妆容的基础用品，后来随着化妆技艺的发展，出现了一种在眉间和脸上贴上一种小装饰的妆容，这种化妆方式又称花子、面花、贴花，《木兰辞》中就有"对镜贴花黄"一句。贴花钿成为风潮也是在唐朝，古时候做花钿的材料十分丰富，有用金箔剪裁，有用纸、鱼鳞、茶油花饼做成的，甚至有用真实的蜻蜓翅膀来做花钿的。花钿的颜色有红、绿、黄等，花钿的形状除梅花状外，还有各式小鸟、小鱼、小鸭等，具有趣味性和欣赏性。可见，古人对美的追求和创新不仅胆大而且心细，别出心裁，不拘一格（图6-17）。

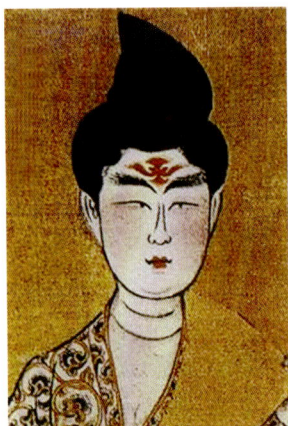

| 《簪花仕女图》中妇女的花钿 | 电视剧《杨贵妃秘史》中凤鸟花钿 | 电影《十面埋伏》中梅花花钿造型 |

图6-17

五、额黄

额黄，又叫鸦黄，是在额间涂上黄色。据《中国历代妇女妆饰》中记载，这种妆饰的产生与佛教的流行有一定关系。南北朝时，佛教在中国的发展进入盛期，一些妇女从涂金的佛像上受到启发，将额头涂成黄色，渐成风习。到了唐朝，达到鼎盛，宋朝也有这种装扮的风尚。现代的时尚造型师也有不少造型灵感来自于额黄（图6-18）。

图6-18

六、化妆配饰

古代妇女以粉饰面，两颊涂胭抹红，修眉饰黛，点染朱唇，甚至用五色花子贴在额上，增添美丽。她们的妆容精细入微，端坐在铜镜前从容淡定，分外的悠闲美好。

传说，唐朝开元天宝年间，唐明皇李隆基标新立异，突破旧习，指令宫女在罩帷帽上再盖一块薄纱作为装饰物遮住面额，称之为"透额罗"。在古代绘画作品的仕女图中可以找到原型，而在1300年后，英国王妃戴安娜也同样钟爱黑色网纱装饰造型，这种装饰手法在时尚晚装造型中更是被广泛采用（图6-19）。

图6-19

梳篦，又称栉，自魏晋开始妇女头上流行插梳，至唐更盛。这种梳篦常用金、银、玉、犀等贵重材料制作，唐代妇女流行梳高髻，在发髻上插几把小小梳子，露出半月形梳背当成装饰。梳篦既是日用品，也是工艺品和装饰品，在当今流行饰品中仍然能够看到它的影子。现在的发饰中，有一种既能够起到固定头发又能够起装饰作用的发饰叫插梳，跟梳篦非常相似（图6-20）。

人之爱美，古今皆然。

历史的美学是智慧的美学、生活的美学，对当代形象设计品位的提升有着举足轻重的作用。形象设计的品位不单出自美丽的妆容和精湛的技巧，而是源于整体造型中透出的内涵。因为眼睛和皮肤的美丽常常是一目了然的，而内涵则是用智慧和修养滋养出来的，它们与得体的着装、和谐的妆容共同构造了整体形象美。

图6-20

第四节　艺术品位与审美提升

　　审美是决定设计作品品质的关键，培养审美鉴赏能力非一朝一夕之功，需要经过长时间的学习和积累。

　　提高自身审美和鉴赏能力的方法归纳起来就是多读书、读好书。宋朝诗人苏轼有诗云"腹有诗书气自华"，通过阅读来提升气质。如果只一味追求化妆技巧，那只是表象的改变，而增加不了内涵，毕竟眼睛里面透出的神采是化妆替代不了的。

　　在日常生活中，多看书报、杂志、影视作品，不断观察和揣摩生活中成功人士的妆容和整体造型，细心观察、研究、体会这些妆容和整体造型，日积月累，激发自身创作的激情，挖掘设计潜力，从而不断提升审美能力。

　　1. 订阅时尚杂志以及相关书籍，扩大知识面

　　时尚杂志里面的图片往往都是本季最为流行的资讯，多看多学可以令我们开阔眼界、提升品位。不仅仅用眼睛，还要用心看，分析其造型构成，把注意力放在细节的搭配上，推敲其颜色、款式、包、配饰、发型等造型元素，并将这些信息制作成电子信息库或者是剪报形式的手册，作为自己的资料以备经常翻阅、归纳、总结。

　　2. 制作风格资料手册

　　收集过期刊物中不同风格的图片剪贴在自己的资料收集册中，并标出关键词；关注电

视及时尚栏目中的最新流行趋势信息，且在册子中标注主题和关键词，这是一个整理——总结——提炼——提升的过程，注重知识和信息的积累，在设计构思过程中，翻阅这个资料手册就会有很多的灵感，但切忌生搬硬套。

3. 捕捉每季的最新潮流动态

经常光顾高级品牌店面，了解流行动向，多试穿，触摸感受不同材质、款式、色彩的效果，不断提升自身对时尚的掌控能力。

4. 在成功中寻找经验，在失败中寻求教训

多观察生活或影视剧中的成功形象，分析搭配效果，分别从搭配细节、面料、款式以及服饰与人的关系等层面分析，不断思考自己能从这些成功的形象上学到什么。同时，生活中许多失败的着装和造型也为我们提供了学习的素材，要学会从设计理论上分析这些造型失败的原因。多观察不同类型人群的着装特点，了解不同社会阶层的审美趣味，尤其注意成功阶层人士的服饰品位特性和共性。

5. 从艺术作品与影视剧中积累审美经验

从经典绘画作品中得到启发，提升自身的艺术素质，从而激发创作的灵感（图6-21）。我们在欣赏电视节目精彩故事情节的同时，也要学会用专业设计师的眼光来评价不同服装种类，如晚会装、休闲装、职业装、运动装等之间的区别。很多经典的影视剧造型都会成为大众争相模仿的对象甚至社会流行的风尚，如我国20世纪80年代拍摄的一部直接以时装为题材的电影《街上流行红裙子》中，"袒胸露臂"的红色"斩裙"就一度引领了整个社会的流行风尚。近几年由美国拍摄的以时尚为题材的电影《时尚女魔头》所展现的各种职场形象也一度引领了大众的着衣潮流（图6-22~图6-24）。

图6-21

图6-22

通过流行色信息的采集和整理，制定着装方案

图6-23

通过对艺术领域风格的回顾指导现实着装方案

艺术波普(Pop Art)

波普大师安迪·沃霍

图6-24

6. 注意整理琐碎的知识，形成系统性知识体系

在信息社会，我们对时尚资讯的汲取可以有多种途径，最快捷的来源是从网上获取，其次就是阅读期刊和专业书籍，但这些资讯大多是零散的，因此需要通过专业的理论指导，对收集的文字进行梳理，图片进行归类整理，概念进行总结提升，还需要对不同类型的专业讯息进行归纳整合，并结合自身的经验付诸实施。

本章小结

本章节围绕人物形象的设计主题，从生活中不同场合的妆容练习入手，进行具有主题性人物形象设计的塑造；通过对古代服饰妆容的学习，提升形象设计的内涵，并进行设计效果图的创作。将人物形象的塑造及表现意识贯穿整个设计过程。

思考题

1. 了解化妆的四大要素并举例分析。

2. 掌握日常化妆法和优势化妆法的步骤并示范练习。

3. 根据TOP原则，针对不同的主题进行小组模拟练习并总结。

4. 对配饰在整体形象设计中的搭配技巧收集资讯，进行课堂阐述，做小组搭配练习。

5. 通过对中国古代服饰与妆容的学习，分析代表性的造型元素及审美特征，并进行主题性古为今用的创新造型设计。

第七章　形象主题设计与效果图

第一节　形象设计效果图的风格样式

　　形象设计效果图的风格样式与服装设计图的表现很接近，从艺术的角度看，它强调绘画功底、艺术效果，类似于服装设计稿和时装插图的表达方式，下面分别从写实艺术风格、写意艺术风格、风格泛化三个角度来分析。

一、写实艺术风格

　　写实艺术手法能够准确表达出服装、饰品和妆容造型的整体效果，为选购服装及指导化妆、发型设计提供十分具体的要求，为设计主体提供准确的形象设计指导和流行信息，使客户能对预期设计有一个整体的印象，是形象设计合作的重要开端。

　　1. 素描写实风格

　　素描写实手法源于传统绘画，用素描手法来表现造型设计效果图最为方便、快捷。它要求设计师有较强的绘画功底，在表达设计意图时首先要注意人物面部五官形象的结构，并结合造型特点，通过黑白灰的关系来表现；其次要注意切忌过多放在技法的表现上而忽略了绘画的目的；最后要通过铅笔线条和明暗关系的处理，区别开肤色、发色和妆容色以及材质之间的质感及造型效果（图7-1）。

　　2. 水彩写实风格

　　通过水彩技法表现不同材质，给人的感受是最真实的。此造型设计中，针对"材质表现"和"线的韵律"两个关键点展开，先构思造型的主题，然后寻找能够做造型的材质，通过绘制草图的方式确定设计方案，并采用写实的水彩技法生动的表现创作主题（图7-2）。

图7-1

图7-2

3.手绘板绘画风格

手绘板可以让你找回拿着笔在纸上画画的感觉，它可以模拟各种各样的画笔，如模拟最常见的毛笔，用力可以画出有厚重感的线条；用力很轻的时候，可以画出很柔软纤细的线条。也可以模拟喷枪，用力喷出的范围和力度就相对比较大，还能根据笔刷倾斜的角度，喷出扇形等效果。手绘板融合了传统手绘技法及电脑的优势，创作出传统工具无法实现的风格，因此越来越受到设计师及插画师的喜爱。

此效果图是外出休闲造型，色彩清新，休闲单款之间的搭配充满青春气息，结合手绘背景，整个效果充满惬意的度假气氛（图7-3）。

图7-3

图7-4、图7-5的服饰整体造型设计运用楚文化元素进行创新设计，首先通过手写板绘制人体造型，然后用Corel Draw设计的图案填充，并用Photoshop进行上色处理。手绘板和电脑作图软件的结合使用，快捷且效果突出，便于修改。

4.马克笔写实风格

运用马克笔表现格纹面料非常方便，利用其色彩的透明性和易叠加性，亦能够绘出写实效果。马克笔表现设计效果图的优势在于色彩丰富、质地清爽，易于表现不同肌理和笔触；不用调色、便于携带，且易于和其他画材画具混合使用，如结合彩色铅笔、水彩和水粉颜料等，都会产生丰富的效果。马克笔非常适合快速绘制设计草图，也能够深入刻画，因此受到越来越多的设计师喜爱（图7-6）。

图7-4

图7-5

图7-6

马克笔结合彩色铅笔画法擅于表现丰富的面料质感和图案细节，通常是先用马克笔铺出底色，所呈现的是透明感较强的笔触，然后用彩色铅笔绘制图案细节，运用铅笔笔触表达质感和层次非常有效（图7-7）。

图7-7

5. 彩色铅笔写实风格

运用彩色铅笔来表达设计效果图的优势在于它的画法是由浅及深的刻画，层层深入不容易出错，因此适合初学者或者想表现细腻风格的场合。由于彩色铅笔的附着力不是很强，即使用色不恰当，也可以用橡皮擦拭。缺点是由于它跟素描画法类似，如果想表达翔实的写实风格则需要花较长的时间。另外，由于彩色铅笔笔触的蓬松感，有时候表达细节和深入刻画时可能有所欠缺，这时候可用麦克笔结合起来创作（图7-8）。

6. 多种技法结合的写实风格

图7-9的效果方案是为民歌歌手设计的参加MV拍摄的造型。根据客户的身体条件和所穿着目的，运用荷叶元素塑造波浪起伏的效果，在肩部和胯部进行夸张造型设计，来弥补歌手的窄肩和臀的不足。通过与歌手沟通达成设计方案后，设计师用铅笔快速勾勒出礼服及人物发型的整体效果，再用电脑上色，经过多次调色，最后选用果绿色为最终效果（图7-9）。

图7-8   图7-9

图7-10是为个人艺术造型所设计的效果，也是通过手绘和电脑相结合的手法，首先手

图7-10

绘勾线，然后扫描到电脑中，通过Photoshop进行上色和填充面料，表现逼真质感，发型的设计和妆容的用色要和服饰色调相吻合。

二、写意艺术风格

写意艺术手法是中国画的一种画法，即用简练的笔法描绘景物。中国传统的写意画注重情调和韵味的表达，作画不拘常规，借用到形象设计艺术表现形式中，体现线条的概括性、插画的故事性和装饰的趣味性。

1. 线条的概括性

图7-11的案例通过工整的钢笔勾线和彩色铅笔的局部上色来表现休闲牛仔服饰造型，具有强烈的个人风格。在整个设计方案中，由效果图、面料改造小样、配饰列举等细节完成，客户可清楚明白设计师的意图。

图7-11

图7-12的案例中，水彩的大笔触晕染和线条勾勒是此幅作品的特点，非常适合做杂志封面及插画。

2. 插画的故事性

动漫人物形象设计离不开故事情节中人物角色的分析和定位，在清新自然的笔触和人物造型中，用水粉的薄画法来表达故事主题最为恰当（图7-13）。

图7-12

图7-13

图7-14案例中，绿灰色解构设计的服装搭配浅卡其色鸭舌帽，以及同色系平底绑带裸靴，塑造年轻帅气的休闲风格。

图7-14

3.装饰的趣味性

水粉具有不透明性，混合起来有浓重的油画感，将不同的色彩进行不均匀调和，然后快速地表达面部妆容，表现效果充满了强烈的艺术感和趣味性，将个性与时尚感表达得淋漓尽致（图7-15）。

图7-15

　　马克笔最突出的特性就是强烈的笔触感，在表达动感十足的服饰造型时，可以充分发挥其突出的视觉效果，绘制完人物主体，再结合杂志版式设计，辅以英文字母进行平面布局，不需要过分强调人物的面部神态便能充分展示其装饰性写意风格（图7-16）。

图7-16

三、风格泛化的艺术风格

　　风格虽然表现于形式，但风格具有艺术、文化、社会发展等深刻的内涵，从这一层面来说，风格又不局限或等同于形式。

　　后现代主义的风格泛化影响了整个设计界，无论是服装设计，还是环境艺术设计，都呈现风格的游离性和多元融合的特点。通俗来讲，风格泛化是指艺术表现风格不呈现单一的某种风格，如写实风格，里面又可能夹杂着卡通、插画等风格。这给设计效果的展现开启了更广阔的空间，使艺术表现形式更丰富，有助于提升设计师的创新能力。

1. 以写实为主的风格泛化表现

　　图7-17的案例中，运用马克笔绘制玉米纤维制作的创意礼服整体效果，充分利用

马克笔清晰笔触的特性，把握玉米纤维层层叠叠的结构及色彩渐变的效果，弱化人体动态和肤色，强调材质之间的对比和细节刻画，强调局部写实，形成了以写实为主的风格效果。

图7-17

2.以写意为主的风格泛化表现

图7-18只运用单色麦克笔进行速写式的勾勒表现，一气呵成突出服饰整体的风格，忽略人体和面部造型，整个效果图以写意为主写实为辅，符合现代艺术审美多元化的趋势。

3.以卡通风格为主的泛化表现

图7-19中，运用水彩的通透性来表现设计图的效果，设计师擅长卡通风格的人物塑造，同时结合插画设计的版式布局，塑造出以卡通为主，插画为辅的多元表现风格。

图7-18

图7-19

4．以插画风格为主的泛化表现

利用Adobe Illustrator来表现羽绒服整体造型的效果非常适合，在图7-20中，用软件进行勾线、上色及背景布局，《白釉瓷》为主题，塑造出插画风格为主，手绘板技法为辅的混合风格。

图7-20

第二节 借鉴与创新

一、借鉴型设计

服装设计师和形象设计师通过借鉴成功的经典造型，也可以产生新的灵感。在借鉴的同时，也需"再设计"和"再创造"，这样才能发挥"借鉴"的最大作用。

赫本独特的个人气质对时尚的影响很大，从着装风格上分析，赫本的身材属于直线型，偏少年型，日常着装中许多休闲简洁的条纹、格纹服装衬托出率真的气质。但并没有因为她的直线型身材而影响优雅的一面，小黑裙、蕾丝礼服、珍珠项链衬托出她的典雅大方。从荧屏创造的经典形象中，我们受益匪浅，以图7-21~图7-23为例，设计师在借鉴的同时，根据设计主体的个人情况，进行了适当的调整。

海魂衫

黑白条纹

图7-21

经典礼服裙造型

图7-22

图7-23

二、主题性原创型设计

1. 玉米纤维创意礼服造型设计方案

在低碳环保概念的倡导下，利用废弃的玉米皮，结合服装染整技术及防腐等特殊工艺，经过染色、卷曲、或用破坏等手段使其产生不同寻常的肌理效果。与此同时，色彩、形状及功能等方面也可能会发生意想不到的改变，挖掘非服用材料的潜在服用功能，打破传统意义上服装的概念。参见图7-24、图7-25。

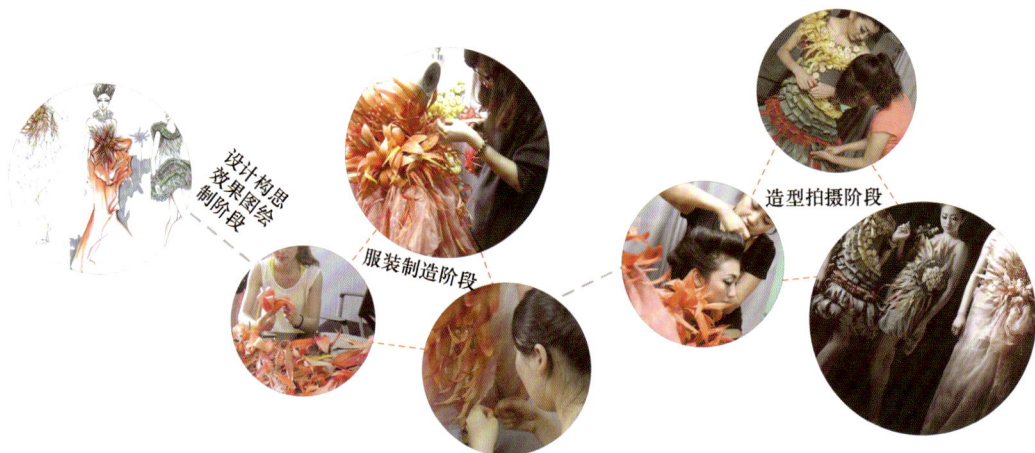

设计构思效果图绘制阶段

服装制造阶段

造型拍摄阶段

图7-24

图7-25

2. 海洋小姐整体造型设计方案

灵感来源于中国古典美学，将中国传统文化的深厚内涵与海洋小姐国际模特赛事的礼服设计相结合，既要体现中国华服的端庄典雅，又要突出海洋风情的浪漫与优雅。设计主题源于对五行文化的理解，设计了红、黄、蓝、绿、白五个色系，分别以《金，醉月》《木，求鱼》《水，听雨》《火，浴兰》《土，生香》命名，采用欧根纱、韩国纱等面料，以展示出世界各地佳丽们的不同特色（图7-26、图7-27）。

图7-26

图7-27

3. 草裙舞服饰形象整体造型设计方案

草裙舞的设计方案有奢华风格、帅气风格以及甜美风格三种。奢华风格草裙以亮片面料为主，辅以欧根纱、皮草、皮流苏以及金属、木珠手工钉珠；原始风格草裙以亚麻布为主，辅料为皮流苏，配以金属、亚克力、羽毛；甜美风格则选用雪纺纱，辅以丝线流苏，以贝壳、亚克力、羽毛、绢花装饰。虽然服装风格不同，但是主面料均采用扎染工艺，并在布料表面配上亮片，营造出波光粼粼的灵动之感。无论是甜美可爱的彩色草裙，还是质朴、帅气的个性草裙，都生动地表现模特们热情、健康、充满活力的形象（图7-28~图7-30）。

4. 创意成衣类整体设计方案

创意成衣设计要求从概念构思到服装结构、面料选择、工艺设计，到最终的产品宣传照拍摄，都围绕"实用、创意、艺术"展开，以下是以《出界》为主题的服饰创新设计实践方案（图7-31~图7-33）。

图7-28

图7-29

图7-30

出界·CHUJIE

通过电影《楚门的世界》-我们开始重新审视我们生活，随着成长，我们被贴满各种标签，是时候打破各种限制　走出自己的舒适区 才会不断遇见新的自己

F2001

H436

B04

F2491

F1884

款式关键词

· 肩线下移
· 茧型轮廓
· 假两件层叠
· 宽松阔腿裤
· 透视拼接

面料关键词

挺括轮廓
金属光泽
叠透感
针织拼接

出界·CHUJIE

图7-31

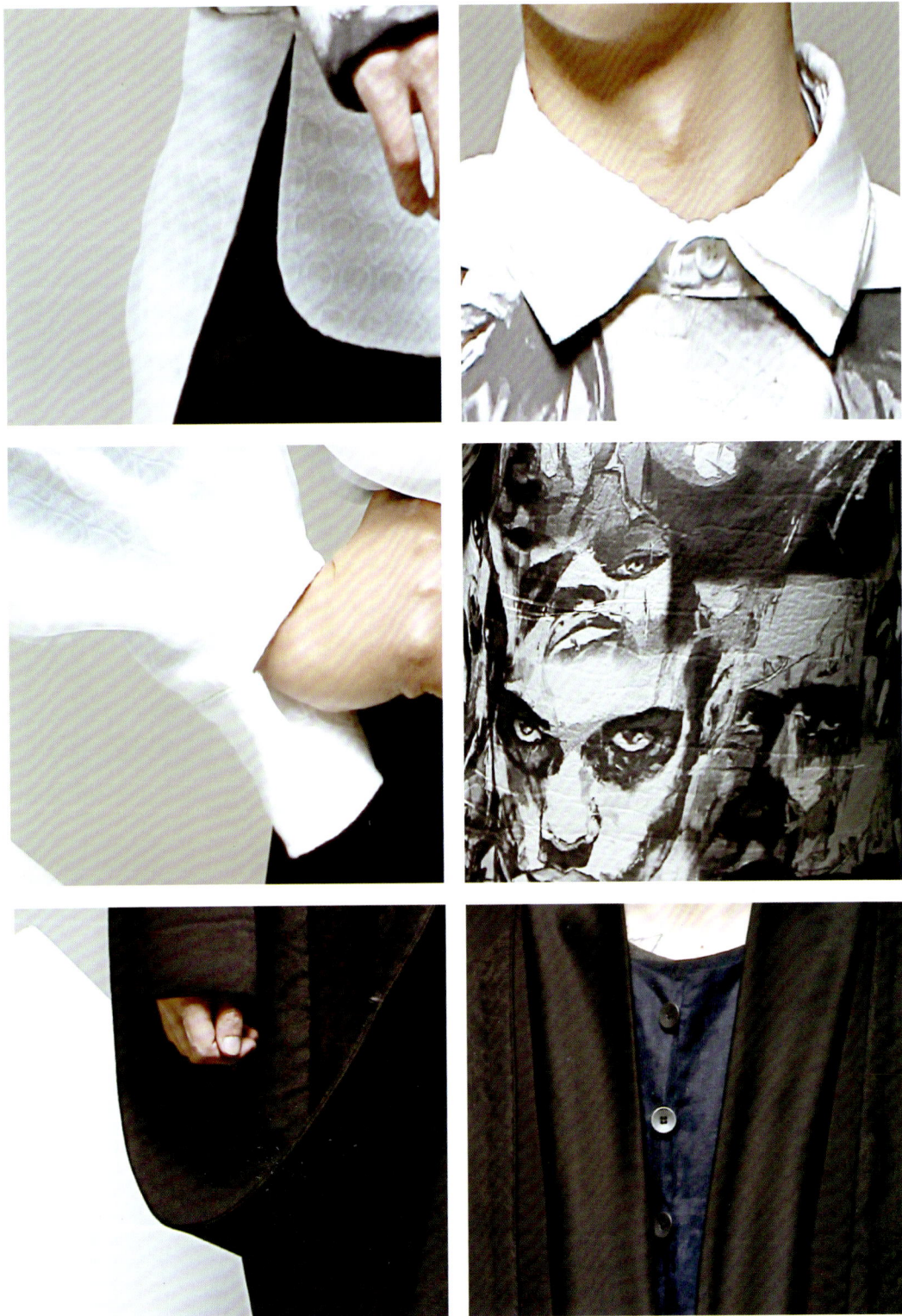

图7-32

图7-33

本章小结

通过对这些国内外不同风格的优秀形象设计作品的欣赏和评价，达到开阔视野、提高审美能力的目的，更好地巩固和提高设计技巧。本章节是学习、欣赏、提高、巩固的过程，通过具体案例分析，实现对形象主题设计的把握。

思考题

1. 分析和掌握形象设计表现的艺术形式并举例说明。

2. 分析形象设计表现的风格样式并举例说明。

3. 依据成功的形象设计案例，进行经典借鉴型的设计方案练习。

4. 根据主题性服饰造型案例，进行原创主题型的设计方案练习。

5. 根据成衣开发中的创新案例，进行创意成衣型的设计方案练习。

后　记

　　国内的形象设计专业起步较晚，目前从事专业形象设计的人员一般是从化妆、服装设计、色彩鉴定、美发等其他职业中衍生而来。高素质的形象设计专业人员必须具备服装设计、化妆造型、色彩设计、饰品搭配、发型设计，以及社交礼仪、营销、心理学等方面的知识，鉴于本人对形象设计课程的思考以及实践总结，因此就有了这本《形象设计与表达：色彩·服饰·妆容》的出版。

　　本书旨在通过深入浅出的知识点、生动典型的案例，提升人们的服饰文化素养和审美能力。如果能为设计界的同行、服装爱好者提供一些帮助，我将倍感欣慰。

　　此书在撰写过程中得到中国纺织出版社服装图书分社郭慧娟社长、杨美艳编辑的悉心指导和帮助，以及我身边领导和同事的关心和支持，更得到我的家人和朋友的鼓励，仅在此表示由衷的感谢！

　　书中配图大多来自本人所做项目及课堂教学实训，感谢模特吴佳汐、樊依茗、钟阳阳、张雅雯、周寒静、李潇、袁思怡、庞盼盼、杨谨鸣等，以及研究生何未凌、盘丽芳、胡婷、熊赛、曾睿晗、黄伟琳等人的参与与协助。第七章的案例分析中，用到以下同学的图稿：

　　图7-1　刘儿钰　王雯

　　图7-3~图7-5　胡婷

　　图7-11　张弘

　　图7-13　黄哲

　　图7-15　郭璟雯

　　图7-18　刘畅

　　图7-19　邓卿

　　图7-20　程懿偲

　　图7-31~图7-33　彭亮

这本书凝聚了大家的汗水与心血，在此一并表示感谢！

钟　蔚

2014年元月16日于武汉纺织大学